ABHANDLUNGEN DER DEUTSCHEN AKADEMIE
DER WISSENSCHAFTEN ZU BERLIN

Klasse für Mathematik, Physik und Technik
Jahrgang 1961 Nr. 1

ERICH KÄHLER

DIE DIRAC-GLEICHUNG

AKADEMIE-VERLAG · BERLIN
1961

Vorgelegt in der Gesamtsitzung vom 16. Juni 1960
Zum Druck genehmigt am gleichen Tage, ausgegeben am 31. März 1961.

Erschienen im Akademie-Verlag GmbH, Berlin W 8, Leipziger Straße 3—4
Lizenz-Nr. 202 100/501/61

Gesamtherstellung: VEB Druckerei „Thomas Müntzer" Bad Langensalza
Bestellnummer: 2001/61/I/1
Preis: DM 5,60
Printed in Germany
ES 19 B 4

Herrn Werner Schmeidler, Berlin,
zum 70. Geburtstage gewidmet

Ob der innere Differentialkalkül der Quantentheorie echten Dienst zu leisten vermag, muß sich zunächst an der Gleichung zeigen, aus deren Beobachtung er entstanden ist, an der DIRAC-Gleichung für die Zustände des Elektrons im elektromagnetischen Felde.

Bei dem großen Erfolge der DIRACschen Theorie kann von einer neuen Auffassung der DIRAC-Gleichung kaum mehr erwartet werden als die Bestätigung bekannter Ergebnisse, aber vielleicht verdienen manche Züge dieser durch den Kalkül nahezu eindeutig vorgeschriebenen Behandlung der DIRACschen Theorie auch vom physikalischen Standpunkte nähere Betrachtung.

Für diesen Fall sind in der vorliegenden Abhandlung einige Rechnungen mitgeteilt, die einen Vergleich mit der üblichen Auffassung der DIRACschen Theorie ermöglichen.

Um die in einer vorangegangenen Arbeit[1]) entwickelten Grundlagen des inneren Differentialkalküls bequem zitieren zu können, setzt die Numerierung der Abschnitte diejenige aus jener Arbeit einfach fort, und auch die Formelzitate weisen, wenn sie durch Ziffern unter 100 geschehen, auf Formeln der früheren Arbeit.

Eine Inhaltsangabe erübrigt sich durch die Bemerkung, daß die Überschriften zu den einzelnen Abschnitten den Gang der Untersuchung hinreichend kennzeichnen.

36.

Zustandsdifferentiale

Der DIRACschen Theorie des Elektrons liegt wie der MAXWELLschen Theorie die EINSTEIN-MINKOWSKI-Metrik

$$(dx^1)^2 + (dx^2)^2 + (dx^3)^2 - c^2\,dt^2$$

zugrunde.

In dem auf diese Metrik bezogenen inneren Differentialkalkül nimmt die DIRAC-Gleichung des Elektrons im elektromagnetischen Felde die Gestalt

$$\frac{h\,c}{2\pi i}\,\delta u = (i\,E_0 + e\,\omega) \vee u \tag{100}$$

an, wo

$$\omega = A_1\,dx^1 + A_2\,dx^2 + A_3\,dx^3 - c\,V\,dt$$

das durch

$$d\omega = H_1\,dx^2 \wedge dx^3 + H_2\,dx^3 \wedge dx^1 + H_3\,dx^1 \wedge dx^2 + c\,(E_1\,dx^1 + E_2\,dx^2 + E_3\,dx^3) \wedge dt$$

bis auf ein additives totales Differential bestimmte elektromagnetische Differential ist.

---

[1]) ERICH KÄHLER, Innerer und äußerer Differentialkalkül, Abh. der Deutschen Akademie der Wissenschaften zu Berlin, Kl. für Math., Phys. und Technik, 1960 Nr. 4.

Die Dirac-Gleichung (100), in der Form

$$\delta u = a \vee u$$

geschrieben, hat die Eigenschaften

$$\eta\, a = \bar{a}\,, \qquad \zeta\, a = a\,, \tag{101}$$

welche zeigen, daß aus jeder Lösung v der Dirac-Gleichung $\delta v = a \vee v$ durch Bildung von $\eta\, \bar{v}$ eine Lösung der dazu adjungierten Gleichung (vgl. (65)) gewonnen wird, denn

$$\delta(\eta\, \bar{v}) = -\eta\, \delta\bar{v} = -\eta\, (\bar{a} \vee \bar{v}) = -a \vee \eta\, \bar{v} = -\zeta\, a \vee \eta\, \bar{v}\,.$$

Daraus folgt, daß für beliebige Lösungen u, v der Dirac-Gleichung (100) stets

$$d(u, \eta\, \bar{v})_1 = 0 \tag{102}$$

gilt.

Die physikalische Deutung der Gleichung (100) und des *Zustandsdifferentials* besteht darin, daß

$$\frac{e}{c}\, (u, \eta\, \bar{u})_1 \tag{103}$$

als Differential

$$\varrho\, dx^1 \wedge dx^2 \wedge dx^3 - (i_1\, dx^2 \wedge dx^3 + i_2\, dx^3 \wedge dx^1 + i_3\, dx^1 \wedge dx^2) \wedge dt$$

der Ladungs- und Stromverteilung in dem durch u bestimmten Zustand angesehen wird, nachdem u durch Anbringen eines konstanten Zahlfaktors so normiert worden ist, daß

$$\int (u, \eta\, \bar{u})_1\,,$$

erstreckt über eine Hyperfläche $t = \text{const}$, den Wert c ergibt.

37.

Zerlegung der Zustandsdifferentiale

Bei den folgenden Rechnungen werden wir nur solche Koordinatensysteme im 4-dimensionalen Raume verwenden, bei denen die g_{ik} mit $i \neq k$ gleich 0 sind. Nach § 8 hat dies zur Folge, daß innere Produkte aus lauter verschiedenen Basis-Differentialen stets gleich den entsprechenden äußeren Produkten sind.

Im Falle cartesischer Koordinaten ist z. B.

$$dx^i \vee dx^k = dx^i \wedge dx^k \qquad (i \neq k)\,,$$
$$dx^i \vee dt = dx^i \wedge dt\,,$$

während

$$dx^i \vee dx^i = 1\,, \qquad dt \vee dt = -c^{-2}$$

ist.

Alle aus den Differentialen

$$dx^1,\ dx^2,\ dx^3,\ dt \tag{104}$$

mit konstanten Koeffizienten gebildeten inneren und äußeren Polynome sind konstant im Sinne von § 31. Unter diesen zeichnen wir

$$\varepsilon = \varepsilon^+ = \frac{1 - i\,c\,dt}{2}\,, \qquad \bar{\varepsilon} = \varepsilon^- = \frac{1 + i\,c\,dt}{2}\,,$$

$$\tau = \tau^+ = \frac{1 + i\,dx^1 \vee dx^2}{2}\,, \qquad \bar{\tau} = \tau^- = \frac{1 - i\,dx^1 \vee dx^2}{2}$$

aus, indem wir sogleich das Bestehen folgender Beziehungen feststellen:

$$\left.\begin{aligned} 1 &= \varepsilon^+ + \varepsilon^-\,, & 1 &= \tau^+ + \tau^-\,, \\ \varepsilon^\pm \vee \varepsilon^\mp &= 0\,, & \varepsilon^\pm \vee \varepsilon^\pm &= \varepsilon^\pm\,, \\ \tau^\pm \vee \tau^\mp &= 0\,, & \tau^\pm \vee \tau^\pm &= \tau^\pm\,, \end{aligned}\right\} \tag{105}$$

$\varepsilon^\pm$ sind mit $\tau^\pm$ vertauschbar.

Als *Raumdifferentiale* bezeichnen wir diejenigen Differentiale, die, als inneres (oder äußeres) Polynom der Argumente (104) geschrieben, dt nicht enthalten.

Jedes Differential u kann mittels zweier Raumdifferentiale ${}^+u$, ${}^-u$ in der Form

$$u = {}^+u \vee \varepsilon^+ + {}^-u \vee \varepsilon^- \tag{106}$$

geschrieben werden, und dabei sind ${}^+u$, ${}^-u$ durch u eindeutig bestimmt.

Die Möglichkeit einer solchen Darstellung folgt aus $i\,c\,dt = \varepsilon^- - \varepsilon^+$, $1 = \varepsilon^+ + \varepsilon^-$ und ihre Einzigkeit aus der Tatsache, daß ${}^+u \vee \varepsilon^+ + {}^-u \vee \varepsilon^- = 0$ nach Rechtsmultiplikation mit $\varepsilon^\pm$ zunächst ${}^\pm u \vee \varepsilon^\pm = 0$ und damit ${}^\pm u = 0$ ergibt, wenn ${}^\pm u$ Raumdifferential ist.

Um mittels τ^+, τ^- eine ähnliche Zerlegung der Raumdifferentiale zu gewinnen, führen wir Zylinderkoordinaten x, y, φ ein, indem wir setzen

$$x^1 = x \cdot \cos\varphi\,, \qquad x^2 = x \cdot \sin\varphi\,, \qquad x^3 = y\,.$$

Da die Metrik in diesen Koordinaten zu

$$dx^2 + dy^2 + x^2\,d\varphi^2 - c^2\,dt^2 \tag{107}$$

wird, gilt

$$dx \vee dx = 1\,, \quad dy \vee dy = 1\,, \quad d\varphi \vee d\varphi = x^{-2}\,,$$

und daher kann aus $\tau^- - \tau^+ = -i\,dx^1 \vee dx^2 = -i\,x\,dx \vee d\varphi$ entnommen werden:

$$d\varphi = i\,\frac{dx}{x} \vee (\tau^- - \tau^+)\,. \tag{108}$$

Als *Meridiandifferentiale* bezeichnen wir diejenigen Raumdifferentiale, die, als inneres (oder äußeres) Polynom der Argumente $dx, dy, d\varphi$ geschrieben, $d\varphi$ nicht enthalten.

Aus (108) und $1 = \tau^+ + \tau^-$ folgt, daß jedes Raumdifferential u mittels zweier Meridiandifferentiale u^+, u^- in der Form

$$u = u^+ \vee \tau^+ + v^- \vee \tau^-$$

geschrieben werden kann, und genau wie im Falle der Darstellung (106) ergibt sich, daß hierbei u^+, u^- durch u eindeutig bestimmt sind.

Beide Bemerkungen zusammengenommen führen zu der Feststellung: Jedes Zustandsdifferential u ist Summe

$$u = {}^+u^+ \vee \tau^+ \vee \varepsilon^+ + {}^+u^- \vee \tau^- \vee \varepsilon^+ + {}^-u^+ \vee \tau^+ \vee \varepsilon^- + {}^-u^- \vee \tau^- \vee \varepsilon^-$$

von Produkten, bei denen $^{\pm}u^*$ vier durch u eindeutig bestimmte Meridiandifferentiale sind. (* bedeute eine von den ersten $\pm$ unabhängige Entscheidung $\pm$.)

Wegen der Konstanz von $\tau^{\pm} \vee \varepsilon^*$ ist mit u auch $u \vee \tau^{\pm} \vee \varepsilon^* = {}^*u^{\pm} \vee \tau^{\pm} \vee \varepsilon^*$ Lösung der Dirac-Gleichung (100), und darum genügt es, zur allgemeinen Integration dieser Gleichung Lösungen der Gestalt

$$\text{Meridiandifferential} \vee \tau^{\pm} \vee \varepsilon^*$$

aufzusuchen.

38.

Zentralsymmetrisches Feld

Im Falle eines zentralsymmetrischen elektrischen Feldes nimmt die Dirac-Gleichung die Form

$$\delta u = -\frac{2\pi}{hc}(E_0 + V(r) \cdot i\,c\,dt) \vee u \quad (= a \vee u) \tag{109}$$

an, wobei V nur von $r = \sqrt{x^2 + y^2}$ abhängt und E_0 die Ruhenergie $c^2 \cdot$ Masse des Elektrons bezeichnet.

Da die Koeffizienten der Metrik (107) weder von t noch von φ abhängen und dasselbe von dem linken Faktor der rechten Seite von (109) gilt, führen die Lieschen Operatoren

$$A = -\frac{h}{2\pi i}\frac{\partial}{\partial t}, \qquad B = \frac{1}{i}\frac{\partial}{\partial \varphi},$$

die nach (68) auch auf Differentiale u die Wirkung

$$A\,u = -\frac{h}{2\pi i}\frac{\partial u}{\partial t}, \qquad B\,u = \frac{1}{i}\frac{\partial u}{\partial \varphi}$$

haben, Lösungen von (109) wieder in Lösungen derselben Gleichung über.

Das folgt aus allgemeinen Bemerkungen, die zur Ergänzung der ersten Abhandlung über den Differentialkalkül am Schlusse dieser Arbeit zusammengestellt sind.

Zustandsdifferentiale u, die im Raume eindeutig sind, gestatten eine Entwicklung

$$u = \sum_{-\infty}^{+\infty} e^{im\varphi} \cdot u_m$$

mit Differentialen u_m, deren Koeffizienten von φ unabhängig sind. Die physikalisch interessierenden Lösungen von (109) sind also aus speziellen Lösungen von (109), die überdies „Eigendifferentiale“ des Operators B mit ganzzahligen Eigenwerten sind, additiv herstellbar. In der Tat ist jeder Summand $e^{im\varphi} \cdot u_m$ Lösung von (109) und zugleich von

$$B\,u = m\,u\,. \tag{110}$$

Da der Operator A mit B vertauschbar ist, kann die allgemeine Integration von (109), die soeben auf die gleichzeitige Lösung von (109) und (110) zurückgeführt worden ist, weiterhin vereinfacht werden durch die Forderung, daß u auch Eigendifferential des Operators A sei, d. h. einer Gleichung

$$-\frac{h}{2\pi i}\frac{\partial u}{\partial t} = E \cdot u$$

mit konstantem E genüge.

Die Forderungen

$$\delta u = a \vee u\,, \qquad \frac{\partial u}{\partial \varphi} = i\, m \cdot u\,, \qquad \frac{\partial u}{\partial t} = -\frac{2\pi i}{h} E \cdot u$$

sind wegen

$$\frac{\partial}{\partial \varphi}(\tau^{\pm} \vee \varepsilon^*) = 0\,, \qquad \frac{\partial}{\partial t}(\tau^{\pm} \vee \varepsilon^*) = 0$$

gleichzeitig erfüllbar mit der durch

$$u = \text{Meridiandifferential} \vee \tau^{\pm} \vee \varepsilon^*$$

ausgedrückten Bedingung.

So ergibt sich zwangsläufig der Ansatz

$$u = e^{i m \varphi - \frac{2\pi i}{h} E t}\, p \vee \tau^{\pm} \vee \varepsilon^*\,, \tag{111}$$

in welchem p ein Meridiandifferential bedeutet, dessen Koeffizienten nur noch von x, y abhängen („reines Meridiandifferential“).

39.

Statt die Koordinaten x, y, φ, t zu numerieren, benutzen wir bei CHRISTOFFELsymbolen, „CHRISTOFFELdifferentialen“ ω_i^k und den Operatoren d_i, e_i die Koordinatenzeichen selbst als Indizes.

Die einzigen von 0 verschiedenen CHRISTOFFELsymbole und CHRISTOFFELdifferentiale der Metrik (107) sind

$$\Gamma_{\varphi\varphi,x} = -x\,, \qquad \Gamma_{\varphi\varphi}^{x} = -x\,,$$

$$\Gamma_{x\varphi,\varphi} = x\,, \qquad \Gamma_{x\varphi}^{\varphi} = \frac{1}{x}\,,$$

$$\omega_{\varphi}^{x} = -x \cdot d\varphi\,, \qquad \omega_{x}^{\varphi} = \frac{d\varphi}{x}\,, \qquad \omega_{\varphi}^{\varphi} = \frac{dx}{x}\,.$$

Nach der Formel

$$d_i\, u = \frac{\partial u}{\partial x_i} - \omega_i^k \wedge e_k\, u$$

ergeben sich damit folgende Ausdrücke für die kovarianten Ableitungen skalarer Differentiale:

$$\left.\begin{aligned} d_x\, u &= \frac{\partial u}{\partial x} - \frac{d\varphi}{x} \wedge e_{\varphi}\, u\,, \\ d_y\, u &= \frac{\partial u}{\partial y}\,, \\ d_{\varphi}\, u &= \frac{\partial u}{\partial \varphi} + x \cdot d\varphi \wedge e_x\, u - \frac{dx}{x} \wedge e_{\varphi}\, u\,, \\ d_t\, u &= \frac{\partial u}{\partial t}\,. \end{aligned}\right\} \tag{112}$$

Die durch

$$\delta u = dx \vee d_x u + dy \vee d_y u + d\varphi \vee d_\varphi u + dt \vee d_t u$$

definierte innere Differentiation δ hat danach im Falle eines (durch $e_\varphi p = e_t p = \frac{\partial p}{\partial \varphi} = \frac{\partial p}{\partial t} = 0$ gekennzeichneten) reinen Meridiandifferentials p die Wirkung

$$\delta p = dx \vee \frac{\partial p}{\partial x} + dy \vee \frac{\partial p}{\partial y} + d\varphi \vee (x\, d\varphi \wedge e_x p)\,,$$

welche wegen

$$x\, d\varphi \wedge e_x p = x\, d\varphi \vee e_x p\,, \qquad d\varphi \vee d\varphi = x^{-2}$$

auch so geschrieben werden kann:

$$\delta p = dx \vee \frac{\partial p}{\partial x} + dy \vee \frac{\partial p}{\partial y} + \frac{1}{x} e_x p\,. \tag{113}$$

40.

Um den Ansatz (111) in (109) einzuführen, berechnen wir erst δu unter Beachtung der Konstanz von $\tau^\pm \vee \varepsilon^*$ (im Sinne von § 31) und der aus (25) und (3) folgenden Beziehungen

$$\left.\begin{aligned} \delta\left(e^{i m \varphi - \frac{2\pi i}{h} E t} \cdot p\right) &= e^{i m \varphi - \frac{2\pi i}{h} E t}\left(i\, m\, d\varphi \vee p - \frac{2\pi i}{h} E\, dt \vee p + \delta p\right), \\ d\varphi \vee p = d\varphi \wedge p &= \eta\, p \wedge d\varphi = \eta\, p \vee d\varphi\,, \\ dt \vee p = dt \wedge p &= \eta\, p \wedge dt = \eta\, p \vee dt\,. \end{aligned}\right\} \tag{114}$$

Es ist

$$\begin{aligned} \delta u &= \delta\left(e^{i m \varphi - \frac{2\pi i}{h} E t} \cdot p\right) \vee \tau^\pm \vee \varepsilon^* \\ &= e^{i m \varphi - \frac{2\pi i}{h} E t} \cdot \left(i\, m\, \eta\, p \vee d\varphi - \frac{2\pi i}{h} E \cdot \eta\, p \vee dt + \delta\, p\right) \vee \tau^\pm \vee \varepsilon^*\,. \end{aligned}$$

Mittels der aus $\tau^- - \tau^+ = -i\, x\, dx \vee d\varphi$ folgenden Gleichung

$$d\varphi \vee \tau^\pm = \mp i \frac{dx}{x} \vee \tau^\pm \tag{115}$$

und der Beziehung

$$i\, c \cdot dt \vee \varepsilon^\pm = \mp\, \varepsilon^\pm \tag{116}$$

kann δu umgeformt werden in

$$\delta u = e^{i m \varphi - \frac{2\pi i}{h} E t} \cdot \left(\delta p \pm m \cdot \eta\, p \vee \frac{dx}{x} + * \frac{2\pi}{h c} E \cdot \eta\, p\right) \vee \tau^\pm \vee \varepsilon^*\,,$$

während die rechte Seite von (109), nämlich

$$-\frac{2\pi}{h c} \cdot (E_0 + i\, c \cdot V\, dt) \vee u\,,$$

mittels (114) und (116) in

$$-e^{i m \varphi - \frac{2\pi i}{h} E t}\left(\frac{2\pi}{h c} E_0\, p - * \frac{2\pi}{h c} V \cdot \eta\, p\right) \vee \tau^\pm \vee \varepsilon^*$$

übergeführt werden kann.

Die DIRAC-Gleichung (109) nimmt damit eine Gestalt

$$q \vee \tau^{\pm} \vee \varepsilon^* = 0$$

an, in welcher

$$q = \delta p + \frac{2\pi}{hc} E_0 \cdot p + \eta\, p \vee \left(* \frac{2\pi}{hc}(E - V) \pm m \frac{dx}{x} \right)$$

zufolge von (113) (reines) Meridiandifferential ist und daher verschwinden muß.

41.

Trennung der Variablen

Die noch zu lösende Gleichung

$$\delta p + \frac{2\pi}{hc} E_0\, p + \eta\, p \vee \left(* \frac{2\pi}{hc}(E - V) \pm m \frac{dx}{x} \right) = 0 \qquad (117)$$

kann durch Trennung der Variablen in einen „radialen" und einen „sphärischen" Anteil zerlegt werden.

Wir setzen

$$p = R \vee S ,$$

indem wir verlangen, daß

$$R = f(r)\, dr - g(r)$$

nur aus r, dr aufgebaut sei, d. h. $f(r)$, $g(r)$ nur Funktionen von r seien, und S die Form

$$S = S_1 + S_2 \cdot dx \vee dy$$

habe, wobei S_1, S_2 Funktionen des durch

$$x = r \sin \vartheta , \qquad y = r \cos \vartheta \qquad (118)$$

bestimmten Winkels ϑ seien.

Daß S_i nur von ϑ abhänge, wird durch $x \cdot \frac{\partial S_i}{\partial x} + y \cdot \frac{\partial S_i}{\partial y} = 0$ ausgedrückt und führt nach (112) zu der Folgerung

$$x \cdot d_x S + y \cdot d_y S = 0 ,$$

gemäß der sich δp zu

$$\delta p = \delta R \vee S + \eta\, R \vee \delta S$$

vereinfacht (vgl. (25)).

Die Gleichung (117) nimmt danach folgende, zur Trennung der Variablen einladende Form an:

$$\left(\delta R + \frac{2\pi}{hc} E_0 \cdot R + * \,\eta\, R \vee \frac{2\pi}{hc}(E - V) \right) \vee S + \eta\, R \vee \left(\delta S \pm S \vee m \frac{dx}{x} \right) = 0 . \qquad (119)$$

Mit einer noch zu bestimmenden Konstanten k

$$\delta R + \frac{2\pi}{hc} E_0 \cdot R + \eta\, R \vee * \frac{2\pi}{hc}(E - V) = -(k + 1)\, \eta\, R \vee \frac{dr}{r} \qquad (120)$$

setzend, gewinnen wir eine nur aus r und dr aufgebaute Gleichung, welche gestattet, (119) durch den Ansatz

$$\delta S \pm m\, S \vee \frac{dx}{x} = \frac{k+1}{r}\, dr \vee S \tag{121}$$

zu erfüllen.

42.

Der sphärische Anteil

Die Gleichung

$$\delta S \pm m\, S \vee \frac{dx}{x} = \frac{k+1}{r}\, dr \vee S \tag{121}$$

ist unabhängig von den physikalischen Daten E_0, E, V und würde sich daher auch einstellen, wenn statt (109) die Gleichung

$$\delta u = 0$$

zu lösen wäre.

Da nach Einführung von (118) die Metrik (107) in

$$dr^2 + r^2\, d\vartheta^2 + r^2 \sin^2 \vartheta\, d\varphi^2 - c^2\, dt^2$$

übergeht, gilt

$$dr \vee dr = 1\,, \qquad d\vartheta \vee d\vartheta = r^{-2}\,,$$

$$dx \vee dy = r\, d\vartheta \vee dr\,.$$

Das innere Differential von $dx \vee dy$ ist nach (113) gleich

$$\delta\,(dx \vee dy) = \frac{1}{x}\, dy = -\, d\vartheta + \operatorname{ctg} \vartheta \cdot \frac{dr}{r}\,.$$

Daraus folgt nach (25)

$$\delta S = dS_1 + dS_2 \vee dx \vee dy + S_2 \vee \frac{dy}{x} = \left(\frac{dS_1}{d\vartheta} - S_2\right) \cdot d\vartheta + \left(\frac{dS_2}{d\vartheta} + S_2 \cdot \operatorname{ctg} \vartheta\right) \cdot \frac{dr}{r}\,.$$

Ferner ist

$$\frac{dr}{r} \vee S = -\, S_2 \cdot d\vartheta + S_1 \frac{dr}{r}\,,$$

$$S \vee \frac{dx}{x} = S \vee \left(\operatorname{ctg} \vartheta\, d\vartheta + \frac{dr}{r}\right) = (S_2 + S_1 \operatorname{ctg} \vartheta)\, d\vartheta + (S_1 - S_2 \cdot \operatorname{ctg} \vartheta) \cdot \frac{dr}{r}\,.$$

Die Gleichung (121) ist darum folgenden beiden, nur ϑ enthaltenden Differentialgleichungen äquivalent:

$$\frac{dS_1}{d\vartheta} \pm m \operatorname{ctg} \vartheta\, S_1 + (k \pm m) \cdot S_2 = 0\,,$$

$$\frac{dS_2}{d\vartheta} + (1 \mp m) \cdot \operatorname{ctg} \vartheta\, S_2 + (\pm\, m - k - 1) \cdot S_1 = 0\,.$$

Nach Einführung der neuen unabhängigen Veränderlichen $\xi = \cos\vartheta$ nehmen diese die Form

$$\omega \cdot \frac{dS_1}{d\xi} \pm m S_1 \cdot \frac{d\omega}{d\xi} = (k \pm m) \cdot S_2\,, \quad \omega \cdot \frac{dS_2}{d\xi} + (1 \mp m) S_2 \cdot \frac{d\omega}{d\xi} = (\pm m - k - 1) \cdot S_1 \qquad (122)$$

(mit $\omega = \sqrt{1-\xi^2}$) an. Die hieraus folgenden Differentialgleichungen

$$(1-\xi^2) \cdot \frac{d^2 S_1}{d\xi^2} - 2\,\xi \cdot \frac{dS_1}{d\xi} + \left(k \cdot (k+1) - \frac{m^2}{1-\xi^2}\right) \cdot S_1 = 0\,,$$

$$(1-\xi^2) \cdot \frac{d^2 S_2}{d\xi^2} - 2\,\xi \cdot \frac{dS_2}{d\xi} + \left(k \cdot (k+1) - \frac{(m \mp 1)^2}{1-\xi^2}\right) \cdot S_2 = 0$$

gestatten den Schluß, daß S_1, S_2 nur dann eindeutige und reguläre Funktionen auf der Kugel sind, wenn k ganzzahlig und

$$S_1 = c_1 \cdot P_k^m(\xi)\,, \qquad S_2 = c_2 \cdot P_k^{m \mp 1}(\xi) \qquad (123)$$

bis auf konstante Faktoren c_1, c_2 gleich den angedeuteten LEGENDREschen Polynomen sind.

Um die Erfüllbarkeit der Differentialgleichungen (122) nachzuweisen, bedarf es einiger Bemerkungen über die hier verwendeten Polynome $P_l^m(\xi)$.

43.

Bemerkungen über Kugelfunktionen

Für $l \geqq 0$, $m \geqq 0$ ist (mit $P_l(\xi) = P_l^0(\xi)$)

$$P_l^m(\xi) = \omega^m \cdot \frac{d^m P_l(\xi)}{d\xi^m} = \frac{(-1)^l}{2^l \cdot l!} \cdot \omega^m \cdot \frac{d^{m+l}\,\omega^{2l}}{d\xi^{m+l}}$$

und damit Lösung der Differentialgleichung

$$\omega^2 \frac{d^2 P_l^m}{d\xi^2} + 2\,\omega \frac{d\omega}{d\xi} \cdot \frac{dP_l^m}{d\xi} + \left(l \cdot (l+1) - \frac{m^2}{\omega^2}\right) \cdot P_l^m = 0\,, \qquad (124)$$

aus welcher

$$\omega \cdot \frac{d}{d\xi}\left(\omega \cdot \frac{dP_l^m}{d\xi} - m \cdot \frac{d\omega}{d\xi} \cdot P_l^m\right) + (m+1) \frac{d\omega}{d\xi} \cdot \left(\omega \cdot \frac{dP_l^m}{d\xi} - m \cdot \frac{d\omega}{d\xi} \cdot P_l^m\right) = (m+1+l) \cdot (m-l) \cdot P_l^m$$

und damit

$$\omega \cdot \frac{dP_l^{m+1}}{d\xi} + (m+1) \cdot \frac{d\omega}{d\xi} \cdot P_l^{m+1} = (m+1+l) \cdot (m-l) \cdot P_l^m \qquad (125)$$

folgt; denn die Definition der P_l^m ergibt unmittelbar

$$\omega \cdot \frac{dP_l^m}{d\xi} - m \cdot \frac{d\omega}{d\xi} \cdot P_l^m = P_l^{m+1}\,. \qquad (126)$$

Die Gleichungen (124), (125), (126) gelten zunächst nur für $m \geqq 0$, $l \geqq 0$.

Definiert man

$$P_l^{-m} = (-1)^m \cdot \frac{(l-m)!}{(l+m)!} P_l^m \qquad \text{für} \qquad l \geqq m \geqq 0\,, \tag{127}$$

$$P_l^{-m} = 0 \qquad \text{für} \qquad m > l \geqq 0\,, \tag{128}$$

so behalten (124) und (125) auch Gültigkeit für negative $m = -n$, da (125) nach (127) für $m = -n$ und $0 \leqq l \leqq n$

$$\omega \cdot \frac{dP_l^{n-1}}{d\xi} - (n-1) \cdot \frac{d\omega}{d\xi} \cdot P_l^{n-1} = P_l^n$$

aussagen würde, was nach (126) in der Tat richtig ist, während für $m = -n = -(l+1)$ die Gleichung (125)

$$\omega \cdot \frac{dP_l^{n-1}}{d\xi} - (n-1) \cdot \frac{d\omega}{d\xi} \cdot P_l^{n-1} = 0$$

verlangen würde, was durch (126) bestätigt wird, wenn man $P_l^n = P_l^{l+1} = 0$ beachtet. (Für $m < -l-1$ folgt (125) aus (128).)

Die Gleichung (126) würde für $m = -n$ und $n \leqq l\ (\geqq 0)$

$$\omega \cdot \frac{dP_l^n}{d\xi} + n \cdot \frac{d\omega}{d\xi} \cdot P_l^n = (n+l) \cdot (n-1-l) \cdot P_l^{n-1}$$

aussagen, und ist zufolge von (125) darum richtig auch für solche m. Für $m = -l-1$ jedoch ist die linke Seite von (126) nach (128) gleich 0, während die rechte Seite gleich $P_l^{-l} \neq 0$ ist. Wenn m negativ und $< -l-1$ ist, sind beide Seiten von (126) zufolge von (128) gleich 0.

Die Gleichung (126) gilt also für alle ganzen $m \neq -l-1$ bei ganzen $l \geqq 0$.

Ersetzt man l in (124), (125), soweit es nicht Index von P ist, durch $-l-1$, so entstehen wieder dieselben Differentialgleichungen. Wenn darum P_l^m für negative l durch

$$P_l^m = P_{-l-1}^m \tag{129}$$

erklärt wird, bekommt P_l^m für alle ganzen m, l einen solchen Sinn, daß die Gleichungen (124), (125), (129) allgemein gelten.

Die Gleichung (126), die bei $l \geqq 0$ nur für $m = -l-1$ versagt, ist bei negativem l nur für $m = l$ falsch.

Schließlich bemerken wir noch, daß für alle ganzen m, l die Beziehung

$$P_l^{m+1} \cdot P_l^{-m} = (m+l+1) \cdot (m-l) \cdot P_l^m \cdot P_l^{-m-1} \tag{130}$$

besteht.

Da linke und rechte Seite dieser Gleichung sowohl bei $l \rightarrow -l-1$ als auch bei $m \rightarrow -m-1$ in sich übergehen, genügt es, (130) im Falle $l \geqq 0$, $m \geqq 0$ nachzuprüfen.

Für $m+1 > l \geqq 0$ sind $P_l^{m+1} = P_l^{-m-1} = 0$. Wenn dagegen $m+1 \leqq l$ ist, können die beiden Seiten von (130) mittels (127) in

$$(-1)^m \cdot \frac{(l-m)!}{(l+m)!} P_l^m \cdot P_l^{m+1} \quad \text{bzw. in} \quad (-1)^{m+1} \cdot (m+l+1) \cdot (m-l) \cdot \frac{(l-m-1)!}{(l+m+1)!} P_l^m \cdot P_l^{m+1}$$

umgeformt werden, womit (130) bestätigt ist.

Ergebnis:

$$\omega \cdot \frac{dP_l^{m+1}}{d\xi} + (m+1) \cdot \frac{d\omega}{d\xi} \cdot P_l^{m+1} = (m+l+1) \cdot (m-l) \cdot P_l^m\,, \tag{125}$$

$$P_l^{m+1} \cdot P_l^{-m} = (m+l+1) \cdot (m-l) \cdot P_l^m \cdot P_l^{-m-1}\,, \tag{130}$$

$$P_l^m = P_{-l-1}^m \tag{129}$$

gelten für alle ganzen m, l.

$$\omega \cdot \frac{dP_l^m}{d\xi} - m \cdot \frac{d\omega}{d\xi} \cdot P_l^m = P_l^{m+1} \tag{126}$$

gilt für alle ganzen m, l, es sei denn, daß m negativ und gleichzeitig $(m + l + 1) \cdot (m - l) = 0$ ist.

44.

Bestimmung des sphärischen Anteils S^+

Nach diesen Vorbereitungen kann der Ansatz (123) zur Lösung von (122) weiter verfolgt werden.

Im Falle des oberen Vorzeichens, also bei der Lösung von

$$\delta S + m\, S \vee \frac{dx}{x} = \frac{k+1}{r} dr \vee S \tag{131}$$

durch den Ansatz

$$S = c_1 \cdot P_k^m + c_2\, P_k^{m-1} \cdot dx \vee dy \tag{132}$$

müssen die Konstanten c_1, c_2 die Bedingungen

$$c_1 \cdot \left(\omega \cdot \frac{dP_k^m}{d\xi} + m \frac{d\omega}{d\xi} \cdot P_k^m\right) = (m + k) \cdot c_2 \cdot P_k^{m-1}\,, \tag{133}$$

$$c_2 \cdot \left(\omega \cdot \frac{dP_k^{m-1}}{d\xi} - (m-1) \cdot \frac{d\omega}{d\xi} \cdot P_k^{m-1}\right) = (m - k - 1) \cdot c_1 \cdot P_k^m \tag{134}$$

erfüllen, von denen die erste nach (125) mit

$$\bigl(c_1 \cdot (m - k - 1) - c_2\bigr) \cdot (m + k)\, P_k^{m-1} = 0 \tag{135}$$

gleichbedeutend ist, während die zweite nur bedingt, d. h. in allen Fällen, wo nicht

$$\text{gleichzeitig} \quad m - 1 < 0 \quad \text{und} \quad (m + k) \cdot (m - k - 1) = 0 \tag{136}$$

ist, durch

$$\bigl(c_2 - (m - k - 1) \cdot c_1\bigr) \cdot P_k^m = 0 \tag{137}$$

ersetzt werden kann.

Von dem Falle (136) abgesehen, ist also

$$S = c \cdot \bigl(P_k^m + (m - k - 1) \cdot P_k^{m-1}\, dx \vee dy\bigr) \tag{138}$$

bei willkürlichem c Lösung von (131).

Wenn $(m + k)\, P_k^{m-1} = 0$ ist, ist der Ansatz (138) ebenfalls zwingend.

Denn die Annahme $P_k^{m-1} = 0$ würde (135) und damit (133) erfüllen, und nach (134) müßte $(m - k - 1)\, c_1\, P_k^m = 0$, also entweder $c_1\, P_k^m = 0$ und damit $S = 0$ oder $m - k - 1 = 0$ und $S = c_1\, P_k^m$ sein. Beide Möglichkeiten sind schon in (138) enthalten. Die Annahme $m + k = 0$ führt, wenn $k \geqq 0$ ist, auf den eben betrachteten Fall $P_k^{m-1} = P_k^{-k-1} = 0$ oder, wenn $k < 0$, wegen $m > 0$ auf die Forderung (137), und damit entweder auf $c_2 = (m - k - 1) \cdot c_1$, d. h. den Ansatz (138), oder es ist $P_k^m = 0$ und $S = c_2\, P_k^{m-1} \cdot dx \vee dy$, was wegen $m - k - 1 = -2\,k - 1 \neq 0$ dasselbe aussagt wie (138).

Es ist allein noch zu prüfen, ob (138) auch im Falle (136) Lösung von (131) ist, d. h. auch (134) erfüllt ist.

Ist $m - 1 < 0$ und $m + k = 0$, so wird $k = -m \geqq 0$ und daher $P_k^{m-1} = P_k^{-k-1} = 0$, was nach (134) wegen $m - k - 1 \neq 0$ auch $c_1\, P_k^m = 0$ nach sich zieht.

Ist $m - 1 < 0$ und $m - k - 1 = 0$, so wird $P_k^{m-1} = P_k^k = P_{-k-1}^k = 0$, und darum ist (134) erfüllt.

Damit ist bewiesen:

Für alle ganzen m, k ist

$$S = c \cdot \left((m + k) \cdot P_k^m + (m + k) \cdot (m - k - 1) \cdot P_k^{m-1} \, dx \vee dy\right) \tag{139}$$

Lösung von

$$\delta S + m\, S \vee \frac{dx}{x} = \frac{k+1}{r} dr \vee S\,. \tag{131}$$

Wenn $m + k = 0$, aber $m - 1 \geqq 0$ ist, ist auch

$$S = c \cdot \left(P_k^m + (m - k - 1) \cdot P_k^{m-1} \cdot dx \vee dy\right)$$

Lösung von (131).

45.

Bestimmung des sphärischen Anteils S^-

Der Fall, daß die unteren Vorzeichen gelten, d. h. die Lösung von

$$\delta S - m\, S \vee \frac{dx}{x} = (k + 1) \cdot \frac{dr}{r} \vee S \tag{140}$$

durch den Ansatz

$$S = c_1 \cdot P_k^m + c_2 \cdot P_k^{m+1} \, dx \vee dy\,, \tag{141}$$

kann auf den eben behandelten dadurch zurückgeführt werden, daß dort m durch $-m$ ersetzt wird. Wegen der dabei notwendigen Fallunterscheidungen ist es jedoch ebenso bequem, die durch Eintragen von (123) in (122) sich ergebenden Bedingungsgleichungen

$$c_1 \cdot \left(\omega \cdot \frac{dP_k^m}{d\xi} - m \cdot \frac{d\omega}{d\xi} \cdot P_k^m\right) = (k - m) \cdot c_2\, P_k^{m+1}, \tag{142}$$

$$c_2 \cdot \left(\omega \cdot \frac{dP_k^{m+1}}{d\xi} + (m + 1) \cdot \frac{d\omega}{d\xi} \cdot P_k^{m+1}\right) = -(m + k + 1) \cdot c_1 \cdot P_k^m \tag{143}$$

für die Konstanten c_1, c_2 zu untersuchen.

Die zweite dieser Gleichungen ist nach (125) mit

$$(m + k + 1) \cdot \left((m - k) \cdot c_2 + c_1\right) \cdot P_k^m = 0 \tag{144}$$

gleichbedeutend, und die erste kann nach (126) durch

$$\left((m - k) \cdot c_2 + c_1\right) \cdot P_k^{m+1} \doteq 0 \tag{145}$$

ersetzt werden, es sei denn, daß

$$m < 0 \quad \text{und gleichzeitig} \quad (m + k + 1) \cdot (m - k) = 0 \tag{146}$$

ist. Von diesem Falle abgesehen, ist also

$$S = c \cdot \left((k - m) \cdot P_k^m + P_k^{m+1} \cdot dx \vee dy\right) \tag{147}$$

bei willkürlichem c Lösung von (140).

Wenn $(m + k + 1) \cdot P_k^m = 0$ ist, ist dieser Ansatz (147) ebenfalls zwingend. Denn die Annahme $P_k^m = 0$ würde (144) und damit (143) erfüllen, und nach (142) müßte $(k - m) \cdot c_2 P_k^{m+1} = 0$, also entweder $c_2 \cdot P_k^{m+1} = 0$ und damit $S = 0$, oder $k - m = 0$ und $S = c_2 \cdot P_k^{m+1}$ sein.

Beide Möglichkeiten sind schon in (147) enthalten. Die andere (144) erfüllende Annahme $m + k + 1 = 0$ führt, wenn $m < 0$, also $k \geqq 0$ ist, auf den eben betrachteten Fall $P_k^m = P_k^{-k-1} = 0$ oder, wenn $m \geqq 0$, also (145) mit (142) gleichwertig ist, entweder auf $c_1 = (k - m) \cdot c_2$, d. h. den Ansatz (147), oder es ist $P_k^{m+1} = 0$ und $S = c_1 \cdot P_k^m$, was wegen $k - m = 2k + 1 \neq 0$ dasselbe aussagt wie (147).

Es ist allein noch zu prüfen, ob (147) auch im Falle (146) Lösung von (140) ist, d. h. ob auch (142) erfüllt ist.

Ist $m < 0$ und $m - k = 0$, so wird $P_k^m = P^k_{-k-1} = 0$ und darum (142) erfüllt.

Ist $m < 0$ und $m + k + 1 = 0$, so ist $k \geqq 0$ und $P_k^m = P_k^{-k-1} = 0$, was nach (142) das Verschwinden von $c_2 \cdot P_k^{m+1}$ und damit $S = 0$ nach sich zieht.

Damit ist bewiesen:

Für alle ganzen m, k ist

$$S = c \cdot \left((k - m) \cdot P_k^m + P_k^{m+1}\, dx \vee dy\right) \cdot (m + k + 1) \tag{148}$$

Lösung von

$$\delta S - m\, S \vee \frac{dx}{x} = (k + 1) \frac{dr}{r} \vee S .$$

Wenn $m + k + 1 = 0$, aber $m \geqq 0$ ist, so ist auch

$$S = c \cdot \left((k - m) \cdot P_k^m + P_k^{m+1}\, dx \vee dy\right) \tag{149}$$

Lösung von (140).

46.

Der radiale Anteil

Nachdem die Lösbarkeit der Gleichung (121) untersucht ist, muß noch geprüft werden, ob der radiale Anteil der DIRAC-Gleichung, d. h. die Gleichung

$$\delta R + \frac{2\pi}{h\,c} E_0 \cdot R + \eta\, R \vee \left(\pm \frac{2\pi}{h\,c}(E - V) + (k + 1) \frac{dr}{r}\right) = 0 \tag{120}$$

durch den Ansatz

$$R = f(r) \cdot dr - g(r) \tag{150}$$

gelöst werden kann. Da in diesem Abschnitt nur die Entscheidung $*$ über die Vorzeichen eine Rolle spielt, kann $\pm$ statt $*$ geschrieben werden.

Einführung von (150) in (120) ergibt wegen

$$\delta R = \frac{df}{dr} dr \vee dr + f \cdot \delta\, dr - \frac{dg}{dr} \cdot dr$$

und der aus (113) folgenden Beziehung

$$\delta\, dr = \delta\left(\frac{x}{r}\, dx + \frac{y}{r}\, dy\right) = \frac{2}{r}$$

die beiden gewöhnlichen Differentialgleichungen

$$\left.\begin{aligned} \frac{df}{dr} + \frac{1-k}{r}\, f &= \frac{2\pi}{h\,c} \cdot \left(E_0 \pm (E - V)\right) \cdot g , \\ \frac{dg}{dr} + \frac{1+k}{r} \cdot g &= \frac{2\pi}{h\,c} \cdot \left(E_0 \mp (E - V)\right) \cdot f , \end{aligned}\right\} \tag{151}$$

die mit den im Handbuch der Physik XXXV, S. 151, angegebenen Gleichungen (14.10) übereinstimmen, wenn man die unteren Vorzeichen und für V das COULOMB-Potential

$$V = -\frac{Z e^2}{r} \tag{152}$$

nimmt.

Um auch die übrigen ausführlichen Angaben des Artikels „Quantum Mechanics of One- and Two-Electron Systems" von BETHE und SALPETER in jenem Handbuch für die vorliegende Behandlung der DIRAC-Gleichung zugänglich zu machen, seien die Umformungen genannt, die zu den Gleichungen (14.19) jener Abhandlung führen.

Ausgehend von der Bemerkung, daß die Gleichungen

$$\frac{df}{dr} = \frac{2\pi}{hc} \cdot (E_0 \pm E) \cdot g\,, \qquad \frac{dg}{dr} = \frac{2\pi}{hc} \cdot (E_0 \mp E) \cdot f$$

durch

$$f = -\sqrt{E_0 \pm E} \cdot e^{-\lambda r}\,, \qquad g = \sqrt{E_0 \mp E} \cdot e^{-\lambda r}$$

mit

$$\lambda = \frac{2\pi}{hc} \cdot \sqrt{E_0^2 - E^2} \tag{153}$$

gelöst würden (wobei im Falle $|E| < E_0$ alle drei Wurzeln positiv zu nehmen seien), setzen wir

$$f = \sqrt{E_0 \pm E}\,\frac{e^{-\lambda r}}{r}(\varphi_1 - \varphi_2)\,, \qquad g = \sqrt{E_0 \mp E}\,\frac{e^{-\lambda r}}{r}(\varphi_1 + \varphi_2)\,,$$

wodurch die Gleichungen (151) in

$$\left.\begin{aligned} \frac{d\varphi_1}{dr} &= \left(2\lambda + \frac{2\pi}{hc} \cdot \frac{E}{\sqrt{E_0^2 - E^2}} V\right) \cdot \varphi_1 + \left(-\frac{k}{r} \mp \frac{2\pi}{hc} \cdot \frac{E_0}{\sqrt{E_0^2 - E^2}} V\right) \cdot \varphi_2\,, \\ \frac{d\varphi_2}{dr} &= \left(-\frac{k}{r} \pm \frac{2\pi}{hc} \frac{E_0}{\sqrt{E_0^2 - E^2}} V\right) \cdot \varphi_1 - \frac{2\pi}{hc} \cdot \frac{E}{\sqrt{E_0^2 - E^2}} V \cdot \varphi_2 \end{aligned}\right\} \tag{154}$$

übergehen.

Im Falle des COULOMB-Potentials (152) die Variable $\varrho = 2\lambda r$ und die Feinstrukturkonstante

$$\alpha = \frac{2\pi e^2}{hc}$$

einführend, gewinnt man aus (154) die Differentialgleichungen

$$\left.\begin{aligned} \frac{d\varphi_1}{d\varrho} &= \left(1 - \frac{\alpha E}{\sqrt{E_0^2 - E^2}} \frac{Z}{\varrho}\right) \cdot \varphi_1 + \left(-\frac{k}{\varrho} \pm \frac{\alpha E_0}{\sqrt{E_0^2 - E^2}} \frac{Z}{\varrho}\right) \cdot \varphi_2\,, \\ \frac{d\varphi_2}{d\varrho} &= \left(-\frac{k}{\varrho} \mp \frac{\alpha E_0}{\sqrt{E_0^2 - E^2}} \frac{Z}{\varrho}\right) \cdot \varphi_1 + \frac{\alpha E}{\sqrt{E_0^2 - E^2}} \frac{Z}{\varrho} \cdot \varphi_2\,, \end{aligned}\right\} \tag{155}$$

die bei Entscheidung für die unteren Vorzeichen in die Gleichungen (14.19) jenes Handbuch-Artikels übergehen. Wir zitieren das dort S. 153 abgeleitete Ergebnis:

Im Falle $|E| < E_0$ kommen nur die Lösungen

$$(14.30) \quad \left\{\begin{aligned} \varphi_1(\varrho) &= -b \cdot \frac{n_r}{\sqrt{-k \mp \frac{\alpha Z E_0}{\sqrt{E_0^2 - E^2}}}} \varrho^\gamma \cdot F(-n_r + 1, 2\gamma + 1, \varrho)\,, \\ \varphi_2(\varrho) &= b \cdot \sqrt{-k \mp \frac{\alpha Z E_0}{\sqrt{E_0^2 - E^2}}} \cdot \varrho^\gamma \cdot F(-n_r, 2\gamma + 1, \varrho) \end{aligned}\right\} \tag{156}$$

mit

$$\gamma = \sqrt{k^2 - \alpha^2 Z^2} > 0 \,, \qquad b = \text{const} \,, \qquad \frac{E_0}{E} = \sqrt{1 + \frac{\alpha^2 Z^2}{(n_r + \gamma)^2}} \tag{157}$$

und der „radialen Quantenzahl“ n_r, die ganz und nicht negativ sein muß, in Betracht.

Das entsprechende radiale Differential R ist dann

$$R = \frac{e^{-\lambda r}}{r} \cdot \left(\sqrt{E_0 \pm E} \cdot (\varphi_1 - \varphi_2)\, dr - \sqrt{E_0 \mp E} \cdot (\varphi_1 + \varphi_2)\right). \tag{158}$$

Die Abhängigkeit dieses Differentials von n_r, k und dem Vorzeichen werde mittels der *Hauptquantenzahl*

$$n = n_r + |k| \tag{159}$$

durch die Bezeichnung $R^{\pm}_{nk}$ zum Ausdruck gebracht.

Ersetzt man in den Gleichungen (151) f durch g, g durch f, k durch $-k$, so entstehen die Gleichungen (151) mit den entgegengesetzten Vorzeichen.

Da $(f \cdot dr - g) \vee dr = -(g \cdot dr - f)$ ist, kann also für R^{-}_{nk} genommen werden:

$$R^{-}_{nk} = R^{+}_{n,-k} \vee dr \,. \tag{160}$$

47.

Der Operator K

Nachdem die Existenz von Lösungen der Dirac-Gleichung (109), die sich als innere Produkte

$$u = R \vee e^{im\varphi} \cdot S \vee \tau^{\pm} \vee T \qquad \text{mit} \quad T = e^{-\frac{2\pi i}{h} E \cdot t} \cdot \varepsilon^*$$

darstellen lassen, sichergestellt ist, sei unsere wichtigste Aufgabe, die geometrische Bedeutung der Zahl k aufzuklären.

Dazu dient die Bemerkung, daß die drei Lieschen Operatoren

$$X_i f = x^k \cdot \frac{\partial f}{\partial x^l} - x^l \cdot \frac{\partial f}{\partial x^k} \qquad (i, k, l \text{ zyklische Vertauschung von } 1, 2, 3),$$

die nach (68) auf Differentiale die Wirkung

$$X_i u = x^k \cdot \frac{\partial u}{\partial x^l} - x^l \cdot \frac{\partial u}{\partial x^k} + dx^k \wedge e_l u - dx \wedge e_k u$$

haben, nicht nur die Metrik $(dx^1)^2 + (dx^2)^2 + (dx^3)^2 - c^2 dt^2$, sondern auch das in der Dirac-Gleichung

$$\delta u = a \vee u \tag{109}$$

auftretende Differential $a = -\frac{2\pi}{hc}\left(E_0 + V(r) \cdot i\, c\, dt\right)$ (im Sinne $X_i a = 0$) invariant lassen; denn in passenden Polarkoordinaten r, ϑ, φ, t wird $X_i u = \frac{\partial u}{\partial \varphi}$.

Nach allgemeinen, am Schlusse dieser Arbeit zusammengestellten Bemerkungen kann daraus geschlossen werden, daß, wenn u die Gleichung (109) löst, auch $X_i u$ Lösung derselben Gleichung ist.

Neben der Rechtsmultiplikation mit konstanten Differentialen (vgl. § 31) bietet also die Anwendung der Operatoren X_i weitere Möglichkeiten, aus „Zustandsdifferentialen“ (d. h. Lösungen der Dirac-Gleichung) wieder Zustandsdifferentiale herzustellen.

Mit u ist demnach stets auch

$$(K + 1)\, u = X_1 u \vee dx^2 \vee dx^3 + X_2 u \vee dx^3 \vee dx^1 + X_3 u \vee dx^1 \vee dx^2 \tag{161}$$

Zustandsdifferential.

Der hiermit definierte, vom Koordinatensystem offenbar unabhängige Operator K ist geeignet, Ordnung in die Gesamtheit der Zustandsdifferentiale zu bringen.

48.

Drehimpulsoperator

Nach § 34 ist dem Operator X_i das Differential

$$\alpha(i) = x^k \cdot dx^l - x^l \cdot dx^k \tag{162}$$

zuzuordnen, mit dessen Hilfe $X_i u$ gemäß Formel (75) auch so geschrieben werden kann:

$$X_i u = x^k \cdot \frac{\partial u}{\partial x^l} - x^l \cdot \frac{\partial u}{\partial x^k} + \frac{1}{2} w_i \vee u - \frac{1}{2} u \vee w_i \tag{163}$$

mit

$$w_i = \frac{1}{2} \cdot d\alpha(i) = dx^k \vee dx^l \,.$$

Da Rechtsmultiplikation mit w_i Zustandsdifferentiale wieder in Zustandsdifferentiale überführt, hat auch

$$x^k \cdot \frac{\partial u}{\partial x^l} - x^l \cdot \frac{\partial u}{\partial x^k} + \frac{1}{2} w_i \vee u \tag{164}$$

allein die Eigenschaft, Lösungen der Dirac-Gleichung wieder in Lösungen dieser Gleichung zu verwandeln.

Der $\left(\text{mit } \frac{h}{2\pi i} \text{ multiplizierte}\right)$ Operator (164) entspricht dem in der üblichen Auffassung der Diracschen Theorie als i-te Komponente des Gesamtdrehimpulses bezeichneten Operator, während es in der hier dargelegten Auffassung natürlich ist, $\frac{h}{2\pi i} X_k u$ $(k = 1, 2, 3)$ als Gesamtdrehimpuls zu deuten.

Für weitere Rechnungen sei notiert:

$$\left.\begin{aligned}
&w_i \vee w_i = -1\,, \quad w_i \vee w_k + w_k \vee w_i = 0\,,\\
&w_i \vee w_k = -w_l \qquad (i, k, l \text{ zykl. Vertauschung von } 1, 2, 3)\,,\\
&w_i = w \vee dx^i = dx^i \vee w \quad \text{mit} \quad w = dx^1 \vee dx^2 \vee dx^3\,,\\
&X_i w_i = 0\,, \quad X_i w_k = -w_l\,, \quad X_i w_l = w_k\,.
\end{aligned}\right\} \tag{165}$$

Da auch bei Anwendung auf Differentiale zwischen den Operatoren X_i die Relationen

$$X_i X_k - X_k X_i = -X_l$$

bestehen (vgl. § 34), wird

$$(K+1)^2 u = \sum_{i,j} X_i (X_j u \vee w_j) \vee w_i = \sum X_i X_j u \vee w_j \vee w_i + \sum X_j u \vee X_i w_j \vee w_i$$
$$= -\sum X_i^2 u + \sum_{i<j} (X_i X_j - X_j X_i) u \vee w_j \vee w_i$$
$$+ \sum (X_k u \vee (-w_l) \vee w_i + X_l u \vee w_k \vee w_i)$$
$$= -\sum_i X_i^2 u - \sum_i X_l u \vee w_k \vee w_i + \sum_k X_k u \vee w_k + \sum_i X_l u \vee w_k \vee w_i$$
$$= -\sum X_i^2 u + (K+1) u ,$$

woraus

$$\sum X_i^2 u = -(K + K^2) u \tag{166}$$

folgt.

49.

K-Relationen

Bei manchen Rechnungen ist es zweckmäßig, neben K auch den durch

$$L u = \sum X_i u \vee dx^i$$

definierten Operator L zu betrachten, der mit K auf die Weise

$$(K+1) u = L u \vee w , \quad L u = -(K+1) u \vee w \tag{167}$$

zusammenhängt und wegen der Konstanz von w offenbar ebenfalls Zustandsdifferentiale in Zustandsdifferentiale überführt.

Wegen

$$\sum X_i (u \vee v) \vee dx^i = \sum X_i u \vee v \vee dx^i + \sum u \vee X_i v \vee dx^i \tag{168}$$

und

$$v \vee dx^i = dx^i \vee \eta v - 2 e^i \eta v \qquad \text{(vgl. (14))}$$

gilt

$$L(u \vee v) = L u \vee \eta v + u \vee L v - 2 \sum X_i u \vee e^i \eta v . \tag{169}$$

Diese Formel wenden wir insbesondere an auf $v = \tau^{\pm} = \frac{1}{2} \pm \frac{i}{2} dx^1 \vee dx^2$. Es ist

$$X_1 \tau^{\pm} = \pm \frac{i}{2} dx^3 \vee dx^1 , \quad X_2 \tau^{\pm} = \pm \frac{i}{2} dx^3 \vee dx^2 , \quad X_3 \tau^{\pm} = 0$$

und darum

$$L \tau^{\pm} = \pm i \, dx^3 = w \vee (\tau^{\mp} - \tau^{\pm}) .$$

Ferner kann $-2 \sum X_i u \vee e^i \tau^{\pm} = \mp i X_1 u \vee dx^2 \pm i X_2 u \vee dx^1$ in $\mp i (X_1 u \vee dx^1 + X_2 u \vee dx^2) \vee dx^1 \vee dx^2 = \pm i (X_3 u \vee dx^3 - L u) \vee dx^1 \vee dx^2 = \pm i X_3 u \vee w + L u \vee (\tau^{\mp} - \tau^{\pm})$ umgeformt werden, womit sich nach (169)

$$L(u \vee \tau^{\pm}) = L u \vee \tau^{\pm} + u \vee w \vee (\tau^{\mp} - \tau^{\pm}) \pm i X_3 u \vee w + L u \vee (\tau^{\mp} - \tau^{\pm})$$
$$= L u \vee \tau^{\mp} + u \vee w \vee (\tau^{\mp} - \tau^{\pm}) \pm i X_3 u \vee w$$

und folglich nach Multiplikation mit w

$$K(u \vee \tau^{\pm}) = K u \vee \tau^{\mp} \mp i X_3 u \tag{170}$$

ergibt.

Aus (163) folgt $X_i w = 0$, weshalb nach (168) $L(u \vee w) = \Sigma X_i u \vee w \vee dx^i = (K+1) u$ und damit

$$K(u \vee w) = K u \vee w \tag{171}$$

wird. Ähnlich verläuft die Rechnung für $L(u \vee dt) = \Sigma X_i u \vee dt \vee dx^i = - L u \vee dt$, welche

$$K(u \vee dt) = K u \vee dt \tag{172}$$

und demnach für

$$\varepsilon^{\pm} = \frac{1}{2} \mp \frac{i}{2} c\, dt$$

auch

$$K(u \vee \varepsilon^{\pm}) = K u \vee \varepsilon^{\pm} \tag{173}$$

ergibt.

Da für eine nur von t abhängige Funktion $f(t)$ offenbar $K(u \cdot f) = K u \cdot f$ gilt, folgt aus (173) auch

$$K(u \vee T) = K u \vee T \qquad \left(\text{für } T = e^{-\frac{2\pi i}{h} E t} \cdot \varepsilon^{\pm}\right). \tag{174}$$

$X_i R$ ist 0 für jedes radiale Differential $R = f(r) \cdot dr - g(r)$, weil in passenden Polarkoordinaten $X_i u = \frac{\partial u}{\partial \varphi}$ wird. Wir schließen daraus mittels (168) $L(R \vee u) = R \vee L u$ und

$$K(R \vee u) = R \vee K u \qquad (\text{für radiales } R). \tag{175}$$

Wenn Polarkoordinaten r, ϑ, φ eingeführt werden, für die

$$x^1 = r \cdot \sin\vartheta \cdot \cos\varphi, \quad x^2 = r \cdot \sin\vartheta \cdot \sin\varphi, \quad x^3 = r \cdot \cos\vartheta \tag{176}$$

ist, so wird

$$X_3 u = \frac{\partial u}{\partial \varphi}. \tag{177}$$

Nunmehr sei $u = R \vee Y \vee \tau^{\pm} \vee T$ und dabei R radial,

$Y = e^{i m \varphi} (S_1 + S_2\, dx \vee dy)$, wo S_i Funktionen von ϑ allein sind,

$T = e^{-\frac{2\pi i}{h}} \cdot \varepsilon^{*}$.

Mittels der Formeln (175), (174), (170), (177) ergibt sich dann $K u = R \vee K(Y \vee \tau^{\pm}) \vee T = R \vee K\, Y \vee \tau^{\mp} \vee T \pm m \cdot R \vee Y \vee T$. Nach Einführung von $1 = \tau^{\pm} + \tau^{\mp}$ kann dies auch so geschrieben werden:

$$K(R \vee Y \vee \tau^{\pm} \vee T) = \pm m \cdot R \vee Y \vee \tau^{\pm} \vee T \pm m \cdot R \vee Y \vee \tau^{\mp} \vee T + R \vee K\, Y \vee \tau^{\mp} \vee T. \tag{178}$$

Die noch fällige Berechnung von $K Y$ geschehe in Polarkoordinaten (176) und unter Berücksichtigung der wesentlich vereinfachenden Tatsache, daß $e_{\varphi} Y = 0$ ist.

50.

Wirkung von K auf Meridiandifferentiale

Hat man einem LIEschen Operator $A = \alpha^k \frac{\partial}{\partial x^k}$ nach § 34 ein Differential $\alpha = g_{ik} \alpha^k \cdot dx^i$ zugeordnet, so wird

$$A u = e^i \alpha \cdot d_i u + (d\alpha)^i \wedge e_i u \tag{71}$$

mit $(d\alpha)^i = d(e^i\,\alpha) + \omega^i_k \cdot e^k\,\alpha$. Aus der Invarianz dieser Gleichung folgt, daß auch ihre rechnerisch bequemere Fassung

$$A\,u = e^i\,\alpha \cdot \frac{\partial u}{\partial x^i} + d(e^i\,\alpha) \wedge e_i\,u \tag{179}$$

in jedem Koordinatensystem verwendbar ist.

Diese Formel wenden wir auf die Berechnung von $X_i\,u$ in Polarkoordinaten (176) an. Die Differentiale (162) sind

$$\begin{aligned}
\alpha(1) &= -\,r^2 \sin\varphi\, d\vartheta - r^2 \sin\vartheta \cos\vartheta \cos\varphi\, d\varphi\,,\\
\alpha(2) &= \,r^2 \cos\varphi\, d\vartheta - r^2 \sin\vartheta \cos\vartheta \sin\varphi\, d\varphi\,,\\
\alpha(3) &= r^2 \sin^2\vartheta \cdot d\varphi\,,
\end{aligned}$$

und weil allgemein

$$e^r\,u = e_r\,u\,,\quad e^\vartheta\,u = \frac{1}{r^2}\cdot e_\vartheta\,u\,,\quad e^\varphi\,u = \frac{1}{r^2\cdot\sin^2\vartheta}\,e_\varphi\,u\,,\quad e^t\,u = -\frac{1}{c^2}\,e_t\,u$$

ist, sind die in (179) auftretenden $e^h\,\alpha(i)$ gleich

$(h =)$	r	ϑ	φ	t
$e^h\alpha(1) =$	0	$-\sin\varphi$	$-\operatorname{ctg}\vartheta\cdot\cos\varphi$	0
$e^h\alpha(2) =$	0	$\cos\varphi$	$-\operatorname{ctg}\vartheta\cdot\sin\varphi$	0
$e^h\alpha(3) =$	0	0	1	0

Bei Beschränkung auf Differentiale u mit der Eigenschaft $e_\varphi\,u = 0$, wie sie im Falle $u = e^{im\varphi}\,S$ vorliegt, wird demnach

$$\left.\begin{aligned}
X_1\,u &= -\sin\varphi\frac{\partial u}{\partial\vartheta} - \operatorname{ctg}\vartheta\cdot\cos\varphi\,\frac{\partial u}{\partial\varphi} - \cos\varphi\, d\varphi\wedge e_\vartheta\,u\,,\\
X_2\,u &= \cos\varphi\frac{\partial u}{\partial\vartheta} - \operatorname{ctg}\vartheta\cdot\sin\varphi\,\frac{\partial u}{\partial\varphi} - \sin\varphi\, d\varphi\wedge e_\vartheta\,u\,,\\
X_3\,u &= \frac{\partial u}{\partial\varphi}\,,
\end{aligned}\right\} \tag{180}$$

$$L\,u = x\cdot\frac{\partial u}{\partial\vartheta}\vee d\varphi - \frac{r^2}{x}\frac{\partial u}{\partial\varphi}\vee d\vartheta - (d\varphi\wedge e_\vartheta\,u)\vee dx$$

und daher wegen $w = dy \vee dx \vee x\,d\varphi = r\,dr \vee d\vartheta \vee x\,d\varphi$

$$(K+1)\,u = \frac{\partial u}{\partial\vartheta}\vee dy\vee dx + \frac{\partial u}{\partial\varphi}\vee r\,dr\vee d\varphi + (d\varphi\wedge e_\vartheta\,u)\vee dy\vee x\,d\varphi\,. \tag{181}$$

Da $e_\vartheta\,u$, in Polarkoordinaten geschrieben, $d\varphi$ nicht enthalten soll, kann $d\varphi\wedge e_\vartheta\,u$ durch $d\varphi\vee e_\vartheta\,u$ ersetzt werden, womit der letzte Summand gleich $\eta\,e_\vartheta\,u\vee d\varphi\vee dy\vee x\,d\varphi$ $= -\,\eta\,e_\vartheta\,u\vee\frac{dy}{x}$ wird.

Im Falle $e_\varphi\,u = 0$ ist also

$$K\,u = -\,u + \frac{\partial u}{\partial\vartheta}\vee dy\vee dx + \frac{\partial u}{\partial\varphi}\vee r\,dr\vee d\varphi + e_\vartheta\,\eta\,u\vee\frac{dy}{x}\,. \tag{182}$$

51.

Wirkung von K auf Zustandsdifferentiale

Die Anwendung dieser Formel zur Berechnung von $K\ Y$ im Zusammenhang (178) wird dadurch erleichtert, daß nur $K\ Y \vee \tau^{\mp}$ gebraucht wird und nach (115) $r\,dr \vee d\varphi \vee \tau^{\mp}$ durch $\pm\, i\, r\, dr \vee \frac{dx}{x} \vee \tau^{\mp} = \pm\, i \cdot (1 + \operatorname{ctg} \vartheta \cdot dy \vee dx) \vee \tau^{\mp}$ ersetzt werden kann. Da $Y = e^{i m \varphi} \cdot (S_1 + S_2\, dx \vee dy)$ ist und S_1, S_2 nur von ϑ abhängen, wird

$$\begin{aligned} K\ Y \vee \tau^{\mp} &= -\ Y \vee \tau^{\mp} + e^{i m \varphi}\left(\frac{dS_1}{d\vartheta}\, dy \vee dx + \frac{dS_2}{d\vartheta}\right) \vee \tau^{\mp} \\ &\quad \mp m\, e^{i m \varphi}\,(S_1 + S_2\, dx \vee dy) \vee (1 + \operatorname{ctg}\vartheta \cdot dy \vee dx) \vee \tau^{\mp} + e^{i m \varphi} S_2 \cdot r\, dr \vee \frac{dy}{x} \\ &= \mp\, m\ Y \vee \tau^{\mp} + e^{i m \varphi}\left(\frac{dS_2}{d\vartheta} + (1 \mp m) \cdot \operatorname{ctg}\vartheta \cdot S_2 - S_1\right) \vee \tau^{\mp} \\ &\quad + e^{i m \varphi}\left(-\frac{dS_1}{d\vartheta} \pm m \cdot \operatorname{ctg}\vartheta \cdot S_1\right) \cdot dx \vee dy \vee \tau^{\mp} \end{aligned}$$

und folglich nach (178)

$$\left.\begin{aligned} K(R \vee Y \vee \tau^{\pm} \vee T) &= \pm\, m \cdot R \vee Y \vee \tau^{\pm} \vee T \\ &\quad + R \vee e^{i m \varphi}\left(\frac{dS_2}{d\vartheta} + (1 \mp m) \cdot \operatorname{ctg}\vartheta \cdot S_2 - S_1\right) \vee \tau^{\mp} \vee T \\ &\quad + R \vee e^{i m \varphi}\left(-\frac{dS_1}{d\vartheta} \pm m \cdot \operatorname{ctg}\vartheta \cdot S_1\right) \cdot dx \vee dy \vee \tau^{\mp} \vee T\,. \end{aligned}\right\} \tag{183}$$

Diese Formel wenden wir an auf die beiden Fälle

$$\left.\begin{aligned} Y = Y^{+}_{km} &= e^{i m \varphi} \cdot (P^m_k + (m - k - 1)\, P^{m-1}_k\, dx \vee dy)\,, \\ Y = Y^{-}_{km} &= e^{i m \varphi} \cdot ((k - m)\, P^m_k + P^{m+1}_k\, dx \vee dy) \end{aligned}\right\} \tag{184}$$

mit dem Ergebnis

$$K\,(R \vee Y^{+}_{km} \vee \tau^{+} \vee T) = R \vee U^{+} \vee T\,, \quad K\,(R \vee Y^{-}_{km} \vee \tau^{-} \vee T) = R \vee U^{-} \vee T\,, \tag{185}$$

in welchem

$$\left.\begin{aligned} U^{+} &= m \cdot Y^{+}_{km} \vee \tau^{+} + e^{i m \varphi}\left((m - k - 1) \cdot \left(\frac{dP^{m-1}_k}{d\vartheta} - (m-1)\operatorname{ctg}\vartheta \cdot P^{m-1}_k\right) - P^m_k\right) \vee \tau^{-} \\ &\quad + e^{i m \varphi}\left(-\frac{dP^m_k}{d\vartheta} + m \cdot \operatorname{ctg}\vartheta \cdot P^m_k\right) \cdot dx \vee dy \vee \tau^{-}\,, \\ U^{-} &= -\,m \cdot Y^{-}_{km} \vee \tau^{-} + e^{i m \varphi}\left(\frac{dP^{m+1}_k}{d\vartheta} + (m+1) \cdot \operatorname{ctg}\vartheta \cdot P^{m+1}_k - (k - m)\, P^m_k\right) \vee \tau^{+} \\ &\quad + (k - m) \cdot e^{i m \varphi}\left(-\frac{dP^m_k}{d\vartheta} - m \cdot \operatorname{ctg}\vartheta \cdot P^m_k\right) \cdot dx \vee dy \vee \tau^{+} \end{aligned}\right\} \tag{186}$$

ist. Der zweite dieser Ausdrücke kann mittels der aus (125) folgenden, für alle m, l gültigen Beziehung

$$\frac{dP^m_l}{d\vartheta} + m \cdot \operatorname{ctg}\vartheta \cdot P^m_l = (m + l) \cdot (l + 1 - m) \cdot P^{m-1}_l \tag{187}$$

in

$$U^{-} = -\,m \cdot Y^{-}_{km} \vee \tau^{-} + (k + m) \cdot (k - m) \cdot Y^{+}_{km} \vee \tau^{+} \tag{188}$$

umgeformt werden, während bei U^+ Fallunterscheidungen nötig sind; denn der Ausdruck

$$\frac{dP_l^m}{d\vartheta} - m \cdot \operatorname{ctg} \vartheta \cdot P_l^m$$

ist nach (126) nur dann gleich $-P_l^{m+1}$, wenn nicht gleichzeitig $m < 0$, $(m-l)\cdot(m+l+1)=0$ ist, in welchem Falle er verschwindet. Dies zwingt zu folgenden, einander ausschließenden Unterscheidungen:

1. $m-1<0\,,\quad m-1-k=0\,,\quad U^+ = m\cdot Y_{km}^+ \vee \tau^+ + Y_{km}^- \vee \tau^-\,,$
2. $m-1<0\,,\quad m+k=0\,,\quad U^+ = m\cdot Y_{km}^+ \vee \tau^+ + e^{im\varphi}\cdot(-P_k^m + P_k^{m+1}\cdot dx \vee dy)\,,$
3. $m<0\,,\quad m-k=0\,,\quad U^+ = m\cdot Y_{km}^+ \vee \tau^+\,,$
4. $m<0,\quad m+k+1=0\,,\quad U^+ = m\cdot Y_{km}^+ \vee \tau^+\,,$
5. sonst: $\quad U^+ = m\cdot Y_{km}^+ \vee \tau^+ + Y_{km}^- \vee \tau^-\,.$

52.

K-Eigendifferentiale

Aus

$$v_{km}^+ = R \vee Y_{km}^+ \vee \tau^+ \vee T\,, \qquad v_{km}^- = R \vee Y_{km}^- \vee \tau^- \vee T$$

können Eigendifferentiale $u = a\cdot v_{km}^+ + b\cdot v_{km}^-$ des Operators K mit konstanten Koeffizienten a, b linear kombiniert werden; denn die Gleichung

$$K\,u = \lambda\cdot u$$

ist erfüllt, wenn

$$a\cdot U^+ + b\cdot U^- = \lambda\cdot a\cdot Y_{km}^+ \vee \tau^+ + \lambda\cdot b\cdot Y_{km}^- \vee \tau^- \tag{189}$$

gilt.

In den Fällen 1. und 5. ist diese Bedingung mit

$$\left.\begin{aligned} a\cdot m + b\cdot(k+m)\cdot(k-m) &= \lambda\cdot a\,,\\ a \quad - b\cdot m &= \lambda\cdot b \end{aligned}\right\} \tag{190}$$

gleichbedeutend, und darum ergeben sich die beiden Möglichkeiten

$$\begin{aligned} \lambda &= k\,, & u &= (m+k)\cdot v_{km}^+ + v_{km}^-\,,\\ \lambda &= -k\,, & u &= (m-k)\cdot v_{km}^+ + v_{km}^-\,. \end{aligned}$$

In den Fällen 3. und 4. treten an die Stelle von (190) die Bedingungen

$$\begin{aligned} a\cdot m + b\cdot(k+m)\cdot(k-m) &= \lambda\cdot a\,,\\ -b\cdot m &= \lambda\cdot b\,, \end{aligned}$$

aus denen sich

$$\begin{aligned} \lambda &= m\,, & u &= v_{km}^+ = 0\,,\ \text{also kein Eigendifferential},\\ \lambda &= -m\,, & u &= (m-k)\cdot v_{km}^+ + 2\,m\cdot v_{km}^- \end{aligned}$$

ergibt.

Im Falle 3. ist also auch wie bei 1. und 5.

$$u = (m-k)\cdot v_{km}^+ + v_{km}^- \text{ Eigendifferential mit Eigenwert } -k\,.$$

Im Falle 4. ist ebenfalls nur $-k$ Eigenwert und wegen $v^+_{km} = 0$

$$u = (m - k) \cdot v^+_{km} + v^-_{km} \text{ zugehöriges Eigendifferential}.$$

Schließlich kann im Falle 2. mittels (188) bestätigt werden, daß

$$u = (m + k) \cdot v^+_{km} + v^-_{km} \text{ Eigendifferential mit Eigenwert } k$$

ist.

Zusammenfassend stellen wir fest:

$$u = (m + k) \cdot v^+_{km} + v^-_{km} \tag{191}$$

genügt der Gleichung $K\,u = k \cdot u$, es sei denn, daß

$$m < 0\,, \quad (m - k) \cdot (m + k + 1) = 0 \qquad \text{(Fälle 3. und 4.)}$$

ist.

$$u = (m - k) \cdot v^+_{km} + v^-_{km} \tag{192}$$

genügt der Gleichung $K\,u = -k \cdot u$, es sei denn, daß

$$m < 1\,, \quad m + k = 0$$

ist.

Andere Eigendifferentiale von K ergeben sich auf dem hier eingeschlagenen Wege nicht.

53.

Bei gegebenem $k = l > 0$ ist $Y^+_{km} = 0$, wenn $m > l$ oder $m < -l$ ist, und Y^-_{km} ist 0, wenn $m \geqq l$ oder $m < -l - 1$ ist. Darum kommen nur die Differentiale

$$v^+_{lm} \;(-l \leqq m \leqq l)\,, \qquad v^-_{lm} \;(-l - 1 \leqq m < l)$$

in Betracht.

Bei gegebenem $k = -l < 0$ ist $Y^+_{km} = 0$, wenn $m > l$ oder $m \leqq -l$, und Y^-_{km} ist 0, wenn $m \geqq l$ oder $m < -l$ ist. Darum kommen bei negativem k nur die Differentiale

$$v^+_{-l,m} \;(-l < m \leqq l)\,, \qquad v^-_{-l,m} \;(-l \leqq m < l)$$

in Betracht.

Bei $k = 0$ braucht nur v^+_{00} betrachtet zu werden.

54.

Es sei nun

$$T^+ = e^{-\frac{2\pi i}{h}Et} \cdot \frac{1 - i\,c\,dt}{2}\,, \qquad T^- = e^{-\frac{2\pi i}{h}Et} \cdot \frac{1 + i\,c\,dt}{2}$$

und R^+_k Lösung der Gleichung

$$\delta R + \frac{2\pi}{h\,c} E_0 \cdot R + \eta\, R \vee \left(\frac{2\pi}{h\,c} \cdot (E - V) + (k + 1)\frac{dr}{r}\right) = 0\,, \tag{120$^+$}$$

R_k^- Lösung der Gleichung

$$\delta R + \frac{2\pi}{hc}\cdot E_0\cdot R + \eta\, R \vee \left(\frac{2\pi}{hc}\cdot(V - E) + (k+1)\cdot\frac{dr}{r}\right) = 0\,. \qquad (120^-)$$

Nach § 44 und § 45 sind dann

$$\left.\begin{aligned} {}^+v_{km}^+ &= R_k^+ \vee Y_{km}^+ \vee \tau^+ \vee T^+ \\ {}^-v_{km}^+ &= R_k^- \vee Y_{km}^+ \vee \tau^+ \vee T^- \end{aligned}\right. \quad (\text{außer für } m = -k \leqq 0) \qquad (193)$$

und

$$\left.\begin{aligned} {}^+v_{km}^- &= R_k^+ \vee Y_{km}^- \vee \tau^- \vee T^+ \\ {}^-v_{km}^- &= R_k^- \vee Y_{km}^- \vee \tau^- \vee T^- \end{aligned}\right. \quad (\text{außer für } m = -k - 1 < 0) \qquad (194)$$

Lösungen der DIRAC-Gleichung (109).

Für einen gegebenen Wert von $|k| = l$ finden sich danach unter Berücksichtigung des in § 53 untersuchten Verschwindens von Differentialen Y_{km} folgende Zustandsdifferentiale

$$\left.\begin{aligned} &{}^\pm v_{lm}^+ \quad {}^\pm v_{-l,m}^+ \quad (-l < m \leqq l)\,, \\ &{}^\pm v_{lm}^- \quad {}^\pm v_{-l,m}^- \quad (-l \leqq m < l)\,. \end{aligned}\right\} \qquad (195)$$

Zu $k = 0$ gehört kein Zustandsdifferential.

Aus den $16l$ Zustandsdifferentialen (195) können nach § 52 gleich viel Eigendifferentiale des Operators K linear kombiniert werden.

In den folgenden Gleichungen ist bei v und den zu definierenden Zustandsdifferentialen u ein linker oberer Index $\pm$ hinzuzudenken, der bei allen in einer Gleichung auftretenden u, v derselbe ist.

Die Differentiale

$$u_{km}^+ = \frac{1}{(l+m)!}\left((m+l)\cdot v_{km}^+ + v_{km}^-\right) \quad (-l \leqq m \leqq l = |k|) \qquad (196)$$

haben nach § 52 sämtlich den K-Eigenwert l. Denn für $-l < m \leqq l$ und $m = -l$, $k = l$ folgt dies aus (191) und (192), während für $m = -l$, $k = -l$ der Fall 3. vorliegt, in welchem $-k = l$ Eigenwert ist.

Übrigens ist wegen $v_{ll}^- = v_{-l,l}^- = 0$

$$u_{ll}^+ = \frac{1}{(2l-1)!}\,v_{ll}^+\,, \qquad u_{-l,l}^+ = \frac{1}{(2l-1)!}\,v_{-l,l}^+\,,$$

und da auch (197)

$$u_{l,-l}^+ = v_{l,-l}^-\,, \qquad u_{-l,-l}^+ = v_{-l,-l}^-$$

ist, handelt es sich bei den u_{km}^+ nur um Linearkombinationen der Differentiale (195), also um Lösungen der DIRAC-Gleichung.

Die Zustandsdifferentiale

$$u_{km}^- = \frac{1}{(m+l-1)!}\left((m-l)\cdot v_{km}^+ + v_{km}^-\right) \qquad (-l < m < l = |k|) \qquad (198)$$

haben nach (191), (192) den K-Eigenwert $-l$.

Offenbar lassen sich alle Zustandsdifferentiale, die von den in (195) genannten ${}^*v_{km}^\pm$ mit festem linken oberen Index $* = \pm$ linear abhängen, auch aus den ${}^*u_{km}^\pm$ linear kombinieren.

55.

Kugeldifferentiale

Die soeben gewonnenen Lösungen der Dirac-Gleichung haben die Gestalt

$$*u_{km}^{+} = R_k^* \vee S_{km}^{+} \vee T^* , \quad *u_{km}^{-} = R_k^* \vee S_{km}^{-} \vee T^* , \tag{199}$$

worin die inneren Faktoren

$$\left.\begin{aligned} S_{km}^{+} &= \frac{1}{(m+l)!}\left((m+l)\cdot Y_{km}^{+} \vee \tau^{+} + Y_{km}^{-} \vee \tau^{-}\right) \qquad (-l \leqq m \leqq l = |k|) , \\ S_{km}^{-} &= \frac{1}{(m+l-1)!}\left((m-l)\cdot Y_{km}^{+} \vee \tau^{+} + Y_{km}^{-} \vee \tau^{-}\right) \quad (-l < m < l) \end{aligned}\right\} \tag{200}$$

von E_0, $V(r)$, E unabhängige Raumdifferentiale sind, die als *Kugeldifferentiale* l-ter Ordnung ausgezeichnet werden sollen.

Da die Dirac-Gleichung (109) sich für $E_0 = 0$, $V = 0$ auf die Gleichung

$$\delta u = 0$$

der harmonischen Differentiale im Einstein-Minkowski-Raum reduziert und die zugehörigen Gleichungen (151) die Lösungen

$$f = r^{k-1} , \quad g = 0 \quad \text{bzw.} \quad f = 0 , \quad g = r^{-k-1}$$

zulassen, sind $r^{k-1} \cdot S_{km}^{\pm} \vee \varepsilon$ und $r^{-k-1}\, dr \vee S_{km}^{\pm} \vee \varepsilon$ $\left(\text{mit } \varepsilon = \frac{1}{2} + \frac{c\,i\,dt}{2}\right)$ harmonische Differentiale im vierdimensionalen Raume und darum

$$r^{k-1}\, dr \vee S_{km}^{\pm} , \qquad r^{-k-1} \cdot S_{km}^{\pm} \tag{201}$$

harmonische Raumdifferentiale.

Aus $\delta(r^{-k-1} \cdot u) = -(k+1) \cdot r^{-k-2}\, dr \vee u + r^{-k-1} \cdot \delta u$ folgt, daß die Kugeldifferentiale der Ordnung $l = |k|$ der Gleichung

$$\delta S_{km}^{\pm} = \frac{k+1}{r}\, dr \vee S_{km}^{\pm} \tag{202}$$

genügen.

Aus den Überlegungen von § 52 und § 54 geht zugleich hervor, daß die Gleichungen

$$\left.\begin{aligned} K\, S_{km}^{+} &= |k| \cdot S_{km}^{+} , \\ K\, S_{km}^{-} &= -\,|k| \cdot S_{km}^{-} \end{aligned}\right\} \tag{203}$$

bestehen, in denen K auch als der von K im dreidimensionalen Raume induzierte Operator verstanden werden kann.

Der Vollständigkeit halber seien noch die Gleichungen

$$\frac{1}{i}\, \frac{\partial S_{km}^{\pm}}{\partial \varphi} = m \cdot S_{km}^{\pm} \tag{204}$$

erwähnt.

Weitere im folgenden zu beweisende Relationen betreffen das Verhalten von $S_{km}^{\pm}$ bei den Übergängen $k \to -k$, $m \to -m$.

56.

Für $m \neq -|k| \neq 0$ gilt

$$Y^{+}_{-k,m} = \zeta\, Y^{+}_{km} \vee (\cos\vartheta + \sin\vartheta \cdot dx \vee dy)\,. \tag{205}$$

Beweis: Es genügt, diese Gleichung für positive k zu beweisen.

In diesem Falle ist sie mit den beiden Gleichungen

$$\left.\begin{aligned} P_k^m \cdot \cos\vartheta + (m - k - 1) \cdot P_k^{m-1} \cdot \sin\vartheta &= P_{k-1}^m\,, \\ P_k^m \cdot \sin\vartheta + (k + 1 - m) \cdot P_k^{m-1} \cdot \cos\vartheta &= (m + k - 1) \cdot P_{k-1}^{m-1} \end{aligned}\right\} \tag{206}$$

äquivalent, und diese sind in der Theorie der Kugelfunktionen bekannt, sofern der Betrag des oberen Index bei P den unteren Index nicht überschreitet. (Vgl. z. B. MEIXNER, Spezielle Funktionen der mathematischen Physik, Hdb. d. Physik I, S. 156 Gln. (4.12) und (4.13), wobei zu beachten ist, daß P_k^m dort und hier sich um den Faktor $(-1)^m$ unterscheiden.)

Die Gleichungen (206) sind wegen des Verschwindens aller P richtig, wenn $m > k + 1$ oder $m < -k$. Für $m = k + 1$ sorgt der Faktor $(m - k - 1)$ für das Verschwinden der linken Seiten.

Die erste der Gleichungen (206) ist noch für $m = k\,,\ -k$ zu prüfen. Für $m = k$ ist sie richtig, für $m = -k$ nicht.

Die zweite der Gleichungen (206) ist für $m = -k + 1\,,\ -k$ zu prüfen. Für $m = -k + 1$ ist sie richtig, für $m = -k$ nicht.

Damit ist (205) bewiesen.

Für alle m, k gilt

$$Y^{+}_{km} \vee dx \vee dy = e^{i\varphi} \cdot Y^{-}_{k,m-1}\,, \tag{207}$$

wie ohne weiteres nachgerechnet werden kann.

Multipliziert man die Gleichung (205) rechts mit $dx \vee dy$ und beachtet dabei (207), sowie dessen Folgerung

$$e^{i\varphi} \cdot \zeta\, Y^{+}_{k,m-1} = -dx \vee dy \vee \zeta\, Y^{+}_{km} = -\zeta\, Y^{+}_{km} \vee dx \vee dy\,,$$

so entsteht für $m \neq -|k| \neq 0$

$$Y^{-}_{-k,m-1} = -\zeta\, Y^{-}_{k,m-1} \vee (\cos\vartheta + \sin\vartheta \cdot dx \vee dy)\,,$$

d. h. für $m \neq -|k| - 1 \neq -1$:

$$Y^{-}_{-k,m} = -\zeta\, Y^{-}_{km} \vee (\cos\vartheta + \sin\vartheta \cdot dx \vee dy)\,. \tag{208}$$

Die eben gewonnenen Beziehungen (205) und (208) können wegen der für jedes Differential u der Form $S_1 + S_2 \cdot dx \vee dy$ (S_n Funktionen) gültigen Gleichung $\zeta\, u \vee (\cos\vartheta + \sin\vartheta \cdot dx \vee dy) = dr \vee u \vee dy$ auch so geschrieben werden:

$$dr \vee Y^{+}_{km} \vee dy = +\, Y^{+}_{-k,m}\,, \qquad dr \vee Y^{-}_{km} \vee dy = -\, Y^{-}_{-k,m}\,. \tag{209}$$

Da diese Relationen jedenfalls für alle in (200) auftretenden Y_{km} gelten, folgen aus ihnen nachstehende Aussagen für die Kugeldifferentiale:

$$S^{+}_{-k,m} = i \cdot dr \vee S^{+}_{km} \vee w\,, \qquad S^{-}_{-k,m} = i \cdot dr \vee S^{-}_{km} \vee w\,, \tag{210}$$

wenn man die aus $w = dx^1 \vee dx^2 \vee dx^3 = dy \vee dx \vee x \cdot d\varphi$ sich ergebenden Gleichungen $-i \cdot dy \vee \tau^+ = \tau^+ \vee w\,,\ i \cdot dy \vee \tau^- = \tau^- \vee w$ berücksichtigt.

57.

Aus der für $|m| \leqq l$ gültigen Formel

$$\frac{P_l^{-m}}{(l-m)!} = (-1)^m \frac{P_l^m}{(l+m)!} \tag{127}$$

folgen einfache Beziehungen zwischen Kugeldifferentialen, die sich nur im Vorzeichen des Index m unterscheiden.

Wenn $m > 0$ und $l - m - 1 \geqq 0$ oder $m < 0$ und dabei $l + m \geqq 0$ ist, gilt

$$\begin{aligned}\frac{Y^+_{l,-m}}{(l-m-1)!} &= e^{-im\varphi}\left(\frac{P_l^{-m}}{(l-m-1)!} - \frac{(m+l+1)}{(l-m-1)!}\, P_l^{-m-1} \cdot dx \vee dy\right)\\ &= (-1)^m \frac{e^{-im\varphi}}{(l+m)!} \cdot \left((l-m)\, P_l^m + P_l^{m+1} \cdot dx \vee dy\right)\end{aligned}$$

und darum

$$(l-m) \cdot \frac{\overline{Y^+_{l,-m}}}{(l-m)!} = (-1)^m \cdot \frac{Y^-_{lm}}{(l+m)!} \qquad (\text{für } |m| \leqq l)\,. \tag{211}$$

In der Tat ist diese Formel nicht nur für $l - m \geqq 1$ oder $l + m \geqq 0$, sondern auch für $l - m = 0$ richtig, weil $Y^-_{ll} = 0$ ist.

Nach (211) und (200) wird

$$\left.\begin{aligned} S^+_{lm} &= \frac{Y^+_{lm} \vee \tau^+}{(l+m-1)!} + (-1)^m \cdot \frac{\overline{Y^+_{l,-m} \vee \tau^+}}{(l-m-1)!}\,,\\ S^-_{lm} &= \frac{(m-l)\, Y^+_{lm} \vee \tau^+}{(l+m-1)!} + (-1)^m \cdot \frac{(m+l) \cdot \overline{Y^+_{l,-m} \vee \tau^+}}{(l-m-1)!}\,, \end{aligned}\right\} \tag{212}$$

und darum gilt

$$S^+_{l,-m} = (-1)^m \cdot \overline{S^+_{lm}}\,, \qquad S^-_{l,-m} = (-1)^{m-1} \cdot \overline{S^-_{lm}}\,.$$

Anwendung von (210) zeigt, daß diese Beziehungen für beliebige erste Indizes k gelten:

$$S^+_{k,-m} = (-1)^m \cdot \overline{S^+_{km}}\,, \qquad S^-_{k,-m} = (-1)^{m-1} \cdot \overline{S^-_{km}}\,. \tag{213}$$

58.

Dualität von Zustandsdifferentialen

Das Duale der Differentiale

$${}^{\pm}u^*_{km} = R^{\pm}_k \vee S^*_{km} \vee T^{\pm} \tag{199}$$

ist wegen

$$z = w \vee i\,c\,dt\,, \quad T^{\mp} \vee i\,c\,dt = \pm\, T^{\mp}\,, \quad T^{\pm} \vee w = w \vee T^{\mp}$$

gleich

$${}^{\pm}u^*_{km} \vee z = \pm\, R^{\pm}_k \vee S^*_{km} \vee w \vee T^{\mp} = \pm\, R^{\pm}_k \vee dr \vee (dr \vee S^*_{km} \vee w) \vee T^{\mp}\,,$$

was nach (210) auch so geschrieben werden kann:

$${}^{\pm}u^*_{km} \vee z = \mp\, i \cdot (R^{\pm}_k \vee dr) \vee S^*_{-k,m} \vee T^{\mp}\,. \tag{214}$$

Die bei Gelegenheit der Gleichung (160) gemachte Bemerkung gilt allgemein: Jeder Lösung R_k^+ der Gleichung (120^+) entspricht eine Lösung

$$R_{-k}^- = R_k^+ \vee dr \tag{215}$$

der Gleichung (120^-) mit dem zu k entgegengesetzten Wert des unteren Index von R und umgekehrt; denn aus (215) folgt $R_k^+ = R_{-k}^- \vee dr$.

Da Multiplikation mit dr die (in der Quantentheorie) an die radialen Differentiale zu stellenden Regularitätsforderungen nicht verletzt, können wir bei allen Zustandsdifferentialen den linken oberen Index einsparen, indem wir uns auf die Zustandsdifferentiale

$$u_{km}^* = ({}^-u_{km}^* =) \quad R_k^- \vee S_{km}^* \vee T^- \tag{216}$$

beschränken und die übrigen gemäß der aus (214) und (215) folgenden Gleichung ${}^+u_{km}^* \vee z = -i \cdot R_{-k}^- \vee S_{-k,m}^* \vee T^- = -i \cdot {}^-u_{-k,m}^*$ durch Bildung des Dualen herstellen:

$${}^+u_{km}^* = -i \cdot {}^-u_{-k,m}^* \vee z\,. \tag{217}$$

Statt R_k^- und T^- werden wir darum zuweilen einfach R_k und T schreiben. Es ist also

$$T = e^{-\frac{2\pi i}{h}E \cdot t} \cdot \left(\frac{1}{2} + \frac{c\,i}{2}\,dt\right) \tag{218}$$

und R Lösung der Gleichung

$$\delta R + \frac{2\pi}{h\,c} \cdot E_0 \cdot R + \eta\, R \vee \left(\frac{2\pi}{h\,c} \cdot (V - E) + (k+1) \cdot \frac{dr}{r}\right) = 0\,. \tag{219}$$

59.

Konjugation

Zeitumkehr, d. h. die Variablensubstitution

$$x^1 \to x^1\,, \quad x^2 \to x^2\,, \quad x^3 \to x^3\,, \quad t \to -t$$

induziert wie jede umkehrbare Variablensubstitution einen Automorphismus des äußeren Differentialringes. Da sie die Metrik invariant läßt, bewirkt sie infolge des Zusammenhangs (10) zwischen innerer und äußerer Multiplikation auch einen Automorphismus des inneren Differentialrings. Schließlich zeigt die allgemeine Formel

$$\delta u = du + (-1)^{\binom{n}{2}} \cdot (du \vee z) \vee z\,, \tag{43}$$

daß Zeitumkehr und innere Differentiation miteinander vertauschbar sind.

Die Ersetzung

$$u \to \bar{u}$$

eines Differentials u durch sein Konjugiertkomplexes $\bar{u}$ ist aus anderen Gründen Automorphismus des inneren und äußeren Differentialrings. Da sie bedeutet, daß die Koeffizienten eines als äußeres Polynom geschriebenen Differentials durch ihr Konjugiertkomplexes ersetzt werden, ist sie zunächst Automorphismus des äußeren Differentialringes und vertauschbar mit d. Die Realität der g_{ik} und die Formeln (10) und (43) zeigen darauf, daß der Übergang zum Konjugiertkomplexen auch mit innerer Multiplikation und Differentiation vertauschbar ist.

Beide Operatoren, Zeitumkehr und Übergang zum Konjugiertkomplexen, sind auch miteinander vertauschbar. Das aus einem Differential u durch Hintereinanderausführen beider Operationen entstehende Ergebnis werde mit

$$\tilde{\bar{u}}$$

bezeichnet und einfach das Konjugierte zu u genannt.

Aus der Dirac-Gleichung

$$\delta u = -\frac{2\pi}{h c} \cdot (E_0 + V(r) \cdot i\, c\, dt) \vee u \tag{109}$$

folgt

$$\delta \tilde{\bar{u}} = -\frac{2\pi}{h c} \cdot (E_0 + V(r) \cdot i\, c\, dt) \vee \tilde{\bar{u}} ,$$

d. h., das Konjugierte eines Zustandsdifferentials ist ebenfalls Zustandsdifferential.

In

$$u^{\pm}_{km} = R_k \vee S^{\pm}_{km} \vee T \tag{216}$$

ist R_k reell, während $S^{\pm}_{km}$ in der Weise (213) imaginär ist. Daraus folgt $\widetilde{\overline{u^{\pm}_{km}}} = \pm (-1)^m \cdot R_k \vee S^{\pm}_{k,-m} \vee T$ und

$$u^{\pm}_{k,-m} = \pm (-1)^m \cdot \widetilde{\overline{u^{\pm}_{km}}} . \tag{220}$$

60.

Ladungs- und Stromverteilung

Wie eingangs erwähnt, entspricht einem Zustandsdifferential u die Strom- und Ladungsverteilung

$$\varrho \cdot dx^1 \wedge dx^2 \wedge dx^3 - i_1 \cdot dx^2 \wedge dx^3 \wedge dt - i_2 \cdot dx^3 \wedge dx^1 \wedge dt - i_3 \cdot dx^1 \wedge dx^2 \wedge dt$$
$$= \frac{e}{c} \cdot (u, \eta\, \bar{u})_1 \tag{221}$$

Darum werden einige Bemerkungen über das Skalarprodukt

$$[u, v] = (u, \eta\, \bar{v})_1$$

nützlich sein.

Die Koordinaten x^1, x^2, x^3, t mit x^i $(i = 1, 2, 3, 4)$ bezeichnend, haben wir $[u, v] = (\zeta\, u \vee dx^k \vee \eta\, \bar{v})_0 \cdot e_k z$, woraus zu entnehmen ist, daß $\overline{[u, v]} = -(\zeta\, \bar{u} \vee dx^k \vee \eta\, v)_0 \cdot e_k z$ ist, weil $\overline{e_k z} = e_k \bar{z} = -e_k z$ ist. Es gilt also

$$\overline{[u, v]} = -[\bar{u}, \bar{v}] . \tag{222}$$

Andererseits folgt aus den Eigenschaften (47), (48) des Skalarprodukts $[v, u] = (v, \eta\, \bar{u})_1 = (\eta\, \bar{u}, v)_1 = -(\bar{u}, \eta\, v)_1 = -[\bar{u}, \bar{v}]$, woraus in Verbindung mit (222)

$$[v, u] = \overline{[u, v]} \tag{223}$$

und insbesondere die Realität von $[u, u]$ zu schließen ist.

Die Eigenschaft (50) führt auf die Aussage

$$[u \vee z\, , v \vee z] = -[u, v] ; \tag{224}$$

denn $[u \vee z, v \vee z] = \left(u \vee z, \eta\, \overline{(v \vee z)}\right)_1 = -\,(u \vee z, \eta\, \bar{v} \vee z)_1 = -\,(u, \eta\, \bar{v})_1$.

Aus (48) folgt schließlich $[\eta\, u, \eta\, v] = (\eta\, u, \bar{v})_1 = -\,(u, \eta\, \bar{v})_1$, d. h.

$$[\eta\, u, \eta\, v] = -\,[u, v]\,. \tag{225}$$

Die allgemeine, im Anhang dieser Arbeit bewiesene Formel

$$(u \vee w, v)_p = (u, v \vee \zeta\, w)_p$$

ergibt für beliebige Differentiale u, v, w die Beziehung

$$[u \vee w, v] = [u, v \vee \eta\, \zeta\, \bar{w}]\ ; \tag{226}$$

denn $[u \vee w, v] = (u \vee w, \eta\, \bar{v})_1 = (u, \eta\, \bar{v} \vee \zeta\, w)_1 = \left(u, \eta\, \overline{(v \vee \eta\, \zeta\, \bar{w})}\right)_1$.

61.

Für $\varepsilon^{\pm} = \frac{1}{2} \mp \frac{i\,c}{2}\, dt$ und beliebige Differentiale u, v gilt

$$[u \vee \varepsilon^{\pm}, v \vee \varepsilon^{\mp}] = 0\,, \tag{227}$$

weil nach (226) wegen $\varepsilon^{\pm} \vee \varepsilon^{\pm} = \varepsilon^{\pm}$, $\varepsilon^{\pm} \vee \varepsilon^{\mp} = 0$: $[u \vee \varepsilon^{\pm}, v \vee \varepsilon^{\mp}] = [u \vee \varepsilon^{\pm} \vee \varepsilon^{\pm}, v \vee \varepsilon^{\mp}] = [u \vee \varepsilon^{\pm}, v \vee \varepsilon^{\mp} \vee \eta\, \zeta\, \overline{\varepsilon^{\pm}}] = [u \vee \varepsilon^{\pm}, v \vee \varepsilon^{\mp} \vee \varepsilon^{\pm}] = 0$ ist.

Hat man daher u, v gemäß (106) in

$$u = {}^{+}u \vee \varepsilon^{+} + {}^{-}u \vee \varepsilon^{-}\,, \quad v = {}^{+}v \vee \varepsilon^{+} + {}^{-}v \vee \varepsilon^{-} \tag{228}$$

zerlegt, wo ${}^{\pm}u$, ${}^{\pm}v$ Raumdifferentiale sind, so gilt

$$[u, v] = [{}^{+}u \vee \varepsilon^{+}, {}^{+}v \vee \varepsilon^{+}] + [{}^{-}u \vee \varepsilon^{-}, {}^{-}v \vee \varepsilon^{-}]\,. \tag{229}$$

Für Raumdifferentiale p, q ist $[p, q] = \sum_{k=1}^{3} (\zeta\, p \vee dx^k \vee \eta\, \bar{q})_0 \cdot e_k\, w \wedge i\, c\, dt$, also

$$[p, q] = \{p, q\}_1 \wedge i\, c\, dt\,, \tag{230}$$

wo $\{p, q\}_1$ das unter der euklidischen Metrik $(dx^1)^2 + (dx^2)^2 + (dx^3)^2$ berechnete Skalarprodukt zweiten Grades bezeichnet (nach Entscheidung für $w = dx^1 \wedge dx^2 \wedge dx^3$ als Volumendifferential).

Von den vier in $[p, q \vee i\,c\,dt]$ auftretenden Summanden ist höchstens $\left(\zeta\, p \vee dt \vee \eta\, \overline{(q \vee i\,c\,dt)}\right)_0 \cdot e_t\, z$ von 0 verschieden. Wegen $dt \vee \eta\, \bar{q} \vee i\, c\, dt = i\, c\, dt \vee dt \vee \bar{q} = -\frac{i}{c}\, \bar{q}$ und $e_t\, z = -\,i\, c\, w$ wird darum $[p, q \vee i\, c\, dt] = -\,(\zeta\, p \vee \bar{q})_0 \cdot w$ und damit

$$[p, q \vee i\, c\, dt] = -\,\{p, \bar{q}\}\,, \tag{231}$$

unter $\{p, \bar{q}\}$ das im dreidimensionalen euklidischen Raume berechnete Skalarprodukt 3. Grades von p, $\bar{q}$ verstanden.

In

$$[p \vee \varepsilon^{\pm}, q \vee \varepsilon^{\pm}] = \frac{1}{4}\,[p, q] + \frac{1}{4}\,[p \vee i\, c\, dt, q \vee i\, c\, dt] \mp \frac{1}{4}\,[p \vee i\, c\, dt, q] \mp \frac{1}{4}\,[p, q \vee i\, c\, dt]$$

ist nach (226) der zweite Summand gleich dem ersten und der vierte gleich dem dritten:

$$[p \vee \varepsilon^{\pm},\ q \vee \varepsilon^{\pm}] = \frac{1}{2}[p, q] \mp \frac{1}{2}[p, q \vee i\, c\, dt]\,. \tag{232}$$

Mittels (230) und (231) gewinnen wir so die Beziehung

$$[p \vee \varepsilon^{\pm},\ q \vee \varepsilon^{\pm}] = \pm\frac{1}{2}\{p, \bar{q}\} + \frac{1}{2}\{p, q\}_1 \wedge i\, c\, dt\,, \tag{233}$$

aus der nach (229)

$$2\,[u, v] = \{{}^{+}u, {}^{+}\bar{v}\} - \{{}^{-}u, {}^{-}\bar{v}\} + (\{{}^{+}u, {}^{+}v\}_1 + \{{}^{-}u, {}^{-}v\}_1) \wedge i\, c\, dt \tag{234}$$

folgt.

Dem Zustandsdifferential u entspricht also die Ladungsdichte

$$\varrho \cdot dx^1 \wedge dx^2 \wedge dx^3 = \frac{e}{2\,c}\{{}^{+}u, {}^{+}\bar{u}\} - \frac{e}{2\,c}\{{}^{-}u, {}^{-}\bar{u}\} \tag{235}$$

und die Stromverteilung

$$i_1 \cdot dx^2 \wedge dx^3 + i_2 \cdot dx^3 \wedge dx^1 + i_3 \cdot dx^1 \wedge dx^2 = \frac{e}{2\,i}(\{{}^{+}u, {}^{+}u\}_1 + \{{}^{-}u, {}^{-}u\}_1)\,. \tag{236}$$

Da die Skalarprodukte dritten Grades $\{{}^{+}u, {}^{+}\bar{u}\}$, $\{{}^{-}u, {}^{-}\bar{u}\}$ sich auf die positiv definite euklidische Metrik beziehen, sind sie im Sinne (52) positiv definit.

Wir schließen daraus, daß die Zustände des (negativ geladenen) Elektrons durch die Nebenbedingungen

$${}^{+}u = 0\,,\ \text{d. h.}\ u \vee \varepsilon^{+} = 0 \quad (\text{oder}\quad u \vee \varepsilon^{-} = u) \tag{237}$$

zu kennzeichnen sind.

Ladungskonjugation wäre danach einfach der Übergang zum Konjugiertkomplexen. Denn wenn u den Gleichungen

$$\frac{h\,c}{2\,\pi\,i}\,\delta u = (i\,E_0 + e\,\omega) \vee u\,, \tag{100}$$

$$u \vee \varepsilon^{+} = 0 \tag{237}$$

genügt, so ist $\bar{u}$ wegen

$$\frac{h\,c}{2\,\pi\,i}\,\delta\bar{u} = (i\,E_0 - e\,\omega) \vee \bar{u}\,, \qquad \bar{u} \vee \varepsilon^{-} = 0$$

Zustandsdifferential eines Positrons, wenn die Annahme erlaubt ist, daß der Zusammenhang zwischen Zustandsdifferential v und Strom- und Ladungsverteilung in beiden Fällen durch das dreifache Differential

$$\frac{e}{c}[v, v] \qquad (e = |e|)$$

beschrieben wird.

62.

Da die idempotenten Differentiale $\tau^{\pm} = \frac{1}{2} \pm \frac{i\,c}{2}\,dx^1 \wedge dx^2$ den Relationen $\tau^{\pm} \vee \tau^{\mp} = 0$ genügen und $\eta\,\zeta\,\bar{\tau}^{\pm} = \tau^{\pm}$ ist, gilt nach (226) in Analogie zu (227) und (229):

$$[u \vee \tau^{\pm}\,,\ v \vee \tau^{\mp}] = 0\,,$$

$$[u, v] = [u^{+} \vee \tau^{+}\,,\ v^{+} \vee \tau^{+}] + [u^{-} \vee \tau^{-}\,,\ v^{-} \vee \tau^{-}]\,, \tag{238}$$

wenn u, v in

$$u = u^+ \vee \tau^+ + u^- \vee \tau^- , \quad v = v^+ \vee \tau^+ + v^- \vee \tau^- \tag{239}$$

zerlegt sind.

Vorübergehend $i\, dx^1 \vee dx^2 = i\, x\, dx \vee d\varphi = v$ setzend, bemerken wir $v \vee v = 1$, $\eta \zeta \bar{v} = v$, $1 \pm v = 2\, \tau^\pm$, weshalb für beliebige Differentiale p, q bei Anwendung von (226)

$$\begin{aligned}[p \vee \tau^\pm , q \vee \tau^\pm] &= \frac{1}{4}[p, q] + \frac{1}{4}[p \vee v , q \vee v] \pm \frac{1}{4}[p \vee v , q] \pm \frac{1}{4}[p, q \vee v] \\ &= \frac{1}{2}[p, q] \pm \frac{1}{2}[p, q \vee v]\end{aligned}$$

wird. Daraus folgt in Verbindung mit (232)

$$\left.\begin{aligned}[p \vee \tau^\pm \vee \varepsilon^* , q \vee \tau^\pm \vee \varepsilon^*] &= \frac{1}{2}[p \vee \tau^\pm , q \vee \tau^\pm] - \frac{1}{2} *[p \vee \tau^\pm , q \vee \tau^\pm \vee i\, c\, dt] \\ &= \frac{1}{4}[p, q] \pm \frac{1}{4}[p, q \vee v] - \frac{1}{4} *[p, q \vee i\, c\, dt] \\ &\quad \mp \frac{1}{4} *[p, q \vee i\, c\, dt \vee v] .\end{aligned}\right\} \tag{240}$$

63.

Wenn insbesondere p, q Meridiandifferentiale sind, wie nach den Bemerkungen in § 37 vorausgesetzt werden kann, verschwindet in (240) der letzte Summand, und wegen $z = dy \vee dx \vee x\, d\varphi \vee i\, c\, dt$ wird

$$\begin{aligned}[p, q] &= -((\zeta\, p \vee dx \vee \eta\, \bar{q})_0 \cdot dy - (\zeta\, p \vee dy \vee \eta\, \bar{q})_0 \cdot dx) \wedge x\, d\varphi \wedge i\, c\, dt , \\ [p, q \vee v] &= (\zeta\, p \vee d\varphi \vee \eta\, \bar{q} \vee \bar{v})_0 \cdot x\, dy \wedge dx \wedge i\, c\, dt \\ &= (\zeta\, p \vee \bar{q} \vee dx)_0 \cdot dx \wedge dy \wedge c\, dt , \\ [p, q \vee i\, c\, dt] &= (\zeta\, p \vee dt \vee \eta\, \bar{q} \vee i\, c\, dt)_0 \cdot (-i\, c\, w) \\ &= -(\zeta\, p \vee \bar{q})_0 \cdot w .\end{aligned}$$

Diese Ergebnisse enthalten alle je einen Faktor, der als Skalarprodukt unter der Metrik

$$dx^2 + dy^2$$

gedeutet werden kann. Indem wir (nach Entscheidung für $dx \wedge dy$ als Volumendifferential) solche Skalarprodukte von Meridiandifferentialen p, q mit

$$\left.\begin{aligned}|p, q| &= (\zeta\, p \vee q)_0 \cdot dx \wedge dy , \\ |p, q|_1 &= (\zeta\, p \vee dx \vee q)_0 \cdot dy - (\zeta\, p \vee dy \vee q)_0 \cdot dx\end{aligned}\right\} \tag{241}$$

bezeichnen, können wir obige Formeln auch so schreiben:

$$\begin{aligned}[p, q] &= -\,|p, \bar{q}|_1 \wedge x\, d\varphi \wedge i\, c\, dt , \\ [p, q \vee v] &= |p, \bar{q} \vee dx| \wedge c\, dt , \\ [p, q \vee i\, c\, dt] &= |p, \bar{q}| \wedge x\, d\varphi\end{aligned}$$

und erhalten damit

$$\left.\begin{aligned}
&[p \vee \tau^+ \vee \varepsilon^+ , q \vee \tau^+ \vee \varepsilon^+] = \\
&\qquad -\frac{1}{4}\,|p,\bar{q}| \wedge x\,d\varphi - \frac{1}{4}\,(|p,\bar{q}|_1 \wedge x\,d\varphi + i\,|p,\bar{q} \vee dx|) \wedge i\,c\,dt\,, \\
&[p \vee \tau^- \vee \varepsilon^+ , q \vee \tau^- \vee \varepsilon^+] = \\
&\qquad -\frac{1}{4}\,|p,\bar{q}| \wedge dx - \frac{1}{4}\,(|p,\bar{q}|_1 \wedge x\,d\varphi - i\,|p,\bar{q} \vee dx|) \wedge i\,c\,dt\,, \\
&[p \vee \tau^+ \vee \varepsilon^- , q \vee \tau^+ \vee \varepsilon^-] = \\
&\qquad +\frac{1}{4}\,|p,\bar{q}| \wedge x\,d\varphi - \frac{1}{4}\,(|p,\bar{q}|_1 \wedge x\,d\varphi + i\,|p,\bar{q} \vee dx|) \wedge i\,c\,dt\,, \\
&[p \vee \tau^- \vee \varepsilon^-,\ q \vee \tau^- \vee \varepsilon^-] = \\
&\qquad +\frac{1}{4}\,|p,\bar{q}| \wedge x\,d\varphi - \frac{1}{4}\,(|p,\bar{q}|_1 \wedge x\,d\varphi - i\,|p,\bar{q} \vee dx|) \wedge i\,c\,dt\,.
\end{aligned}\right\} \tag{242}$$

64.

Die vier DIRACschen Differentialgleichungen

Die Zustandsdifferentiale, die der Bedingung $u \vee \varepsilon^+ = 0$ genügen, haben 8 Koeffizienten, während die übliche Auffassung der DIRACschen Theorie mit 4 Zustandsfunktionen arbeitet. Darum sei noch erwähnt, wie der Anschluß an die klassische DIRACsche Theorie hergestellt werden kann.

Stellt man an die Zustandsdifferentiale die Forderungen

$$u \vee \tau^- = 0\,, \quad u \vee \varepsilon^+ = 0\,,$$

so bleibt für u nur die Gestalt $u = {}^-u^+ \vee \tau^+ \vee \varepsilon^-$, wo ${}^-u^+$ ein nach § 37 durch u eindeutig bestimmtes Meridiandifferential ist und daher 4 Komponenten hat. Statt dessen kann auch

$${}^-u^+ = i\,p_1 \cdot dx^3 \vee dx^2 + p_2 + p_3 \cdot dx^2 + i\,p_4 \cdot dx^3$$

genommen werden mit wiederum durch u eindeutig bestimmten Funktionen p_i.

Sucht man dann Lösungen u der DIRAC-Gleichung, die zugleich Eigendifferentiale des Operators $\frac{h}{2\pi i}\,\frac{\partial}{\partial t}$ sind, so führt der dann zwingende Ansatz

$$u = e^{-\frac{2\pi i}{h}Et}\,(i\,u_1 \cdot dx^3 \vee dx^2 + u_2 + u_3 \cdot dx^2 + i\,u_4 \cdot dx^3) \vee \tau^+ \vee \varepsilon^-\,, \tag{243}$$

wenn man noch $dx^1 \vee \tau^+ \vee \varepsilon^- = i\,dx^2 \vee \tau^+ \vee \varepsilon^-$, $dt \vee \tau^+ \vee \varepsilon^- = -\frac{i}{c}\,\tau^+ \vee \varepsilon^-$ berücksichtigt, genau zu den Differentialgleichungen

$$\left.\begin{aligned}
\frac{\partial u_1}{\partial x^3} + \frac{\partial u_2}{\partial x^1} - i\,\frac{\partial u_2}{\partial x^2} &= \frac{2\pi i}{h\,c} \cdot (E - V + E_0) \cdot u_3\,, \\
-\frac{\partial u_2}{\partial x^3} + \frac{\partial u_1}{\partial x^1} + i\,\frac{\partial u_1}{\partial x^2} &= \frac{2\pi i}{h\,c} \cdot (E - V + E_0) \cdot u_4\,, \\
\frac{\partial u_3}{\partial x^3} + \frac{\partial u_4}{\partial x^1} - i\,\frac{\partial u_4}{\partial x^2} &= \frac{2\pi i}{h\,c} \cdot (E - V - E_0) \cdot u_1\,, \\
-\frac{\partial u_4}{\partial x^3} + \frac{\partial u_3}{\partial x^1} + i\,\frac{\partial u_3}{\partial x^2} &= \frac{2\pi i}{h\,c} \cdot (E - V - E_0) \cdot u_2\,,
\end{aligned}\right\} \tag{244}$$

wie sie im Handbuch der Physik XXXV, S. 149, unter (14.2) für $V = -\frac{Z e^2}{r}$ angegeben sind.

Anhang

Ergänzende Bemerkungen zu der Abhandlung „Innerer und äußerer Differentialkalkül"

LIE-Operatoren und DIRAC-Gleichung

Wenn A ein LIEscher Operator ist, der nach der Regel (71) auf beliebige Differentiale anwendbar gemacht worden ist, so wird A mit d vertauschbar, und es gilt

$$A\,(u \wedge v) = A\,u \wedge v + u \wedge A\,v\,, \tag{245}$$

weil A nach Einführung des in § 33 beschriebenen Koordinatensystems $y^1, y^2, \ldots, y^n$ sich auf $\frac{\partial}{\partial y^n}$ reduziert.

Wenn A überdies die Metrik invariant läßt, wenn also die Koeffizienten der im Koordinatensystem $y^1, y^2, \ldots, y^n$ geschriebenen metrischen Fundamentalform von y^n nicht abhängen, so zeigt der Zusammenhang (10) zwischen innerer und äußerer Multiplikation, daß auch

$$A\,(u \vee v) = A\,u \vee v + u \vee A\,v \tag{246}$$

gilt. Da das Volumendifferential z durch A annulliert wird, ist A mit Rechtsmultiplikation von z vertauschbar:

$$A\,(u \vee z) = A\,u \vee z\,,$$

so daß aus $A\,d = d\,A$ und

$$\delta u = du + (-1)^{\binom{n}{2}}\, d\,(u \vee z) \vee z \qquad \text{(vgl. § 26)}$$

auch die Vertauschbarkeit von A mit δ geschlossen werden kann.

Übrigens ließen sich (246) und

$$A\,\delta = \delta\,A \tag{247}$$

auch aus

$$A\,u = \alpha^i\,d_i\,u + d\alpha^i \wedge e_i\,u$$

unter bloßer Verwendung der KILLINGschen Gleichungen

$$d_i\,\alpha_k + d_k\,\alpha_i = 0$$

beweisen.

Es sei nun

$$\delta u = a \vee u$$

eine DIRAC-Gleichung und A ein die Metrik invariant lassender LIEscher Operator, für den zugleich $A\,a = 0$ sei. Aus den genannten Rechenregeln folgt dann

$$A\,(\delta u - a \vee u) = \delta A u - a \vee A u\,,$$

welche Beziehung zeigt, daß aus jeder Lösung u der DIRAC-Gleichung durch Anwendung von A eine weitere Lösung Au derselben Gleichung gewonnen wird.

Eine weitere Invarianzeigenschaft der Skalarprodukte

Für beliebige Differentiale u, v, w gilt

$$(u \vee w, v)_p = (u, v \vee \zeta w)_p . \tag{248}$$

Beweis:

$$(u, v)_p = \frac{1}{p!} (\zeta u \vee dx^{i_1} \vee \cdots \vee dx^{i_p} \vee v)_0 \cdot e_{i_1} \cdots e_{i_p} z$$

$$= \frac{1}{p!} e_{i_1} \cdots e_{i_p} [(\zeta u \vee dx^{i_1} \vee \cdots \vee dx^{i_p} \vee v)_0 \cdot z]$$

$$= \frac{1}{p!} e_{i_1} \cdots e_{i_p} [(\zeta (dx^{i_p} \vee \cdots \vee dx^{i_1} \vee u) \vee v)_0 \cdot z] ,$$

d. h.

$$(u, v)_p = \frac{1}{p!} e_{i_1} \cdots e_{i_p} (dx^{i_p} \vee \cdots \vee dx^{i_1} \vee u, v) . \tag{249}$$

Durch Anwendung von (55) auf die hier auftretenden Skalarprodukte vom Grade n folgt die zu beweisende Gleichung.

MIX
Papier | Fördert gute Waldnutzung
FSC® C083411

Zeitfracht Medien GmbH
Ferdinand-Jühlke-Straße 7
99095 Erfurt, Deutschland
produktsicherheit@kolibri360.de